Dalila Zekiri-Nemmour

Evolution thermo-mécanique et tectono-sédimentaire du bloc de Djanet

Dalila Zekiri-Nemmour

Evolution thermo-mécanique et tectono-sédimentaire du bloc de Djanet

Hoggar oriental, Algérie

Presses Académiques Francophones

Impressum / Mentions légales

Bibliografische Information der Deutschen Nationalbibliothek: Die Deutsche Nationalbibliothek verzeichnet diese Publikation in der Deutschen Nationalbibliografie; detaillierte bibliografische Daten sind im Internet über http://dnb.d-nb.de abrufbar.
Alle in diesem Buch genannten Marken und Produktnamen unterliegen warenzeichen-, marken- oder patentrechtlichem Schutz bzw. sind Warenzeichen oder eingetragene Warenzeichen der jeweiligen Inhaber. Die Wiedergabe von Marken, Produktnamen, Gebrauchsnamen, Handelsnamen, Warenbezeichnungen u.s.w. in diesem Werk berechtigt auch ohne besondere Kennzeichnung nicht zu der Annahme, dass solche Namen im Sinne der Warenzeichen- und Markenschutzgesetzgebung als frei zu betrachten wären und daher von jedermann benutzt werden dürften.

Information bibliographique publiée par la Deutsche Nationalbibliothek: La Deutsche Nationalbibliothek inscrit cette publication à la Deutsche Nationalbibliografie; des données bibliographiques détaillées sont disponibles sur internet à l'adresse http://dnb.d-nb.de.
Toutes marques et noms de produits mentionnés dans ce livre demeurent sous la protection des marques, des marques déposées et des brevets, et sont des marques ou des marques déposées de leurs détenteurs respectifs. L'utilisation des marques, noms de produits, noms communs, noms commerciaux, descriptions de produits, etc, même sans qu'ils soient mentionnés de façon particulière dans ce livre ne signifie en aucune façon que ces noms peuvent être utilisés sans restriction à l'égard de la législation pour la protection des marques et des marques déposées et pourraient donc être utilisés par quiconque.

Coverbild / Photo de couverture: www.ingimage.com

Verlag / Editeur:
Presses Académiques Francophones
ist ein Imprint der / est une marque déposée de
OmniScriptum GmbH & Co. KG
Heinrich-Böcking-Str. 6-8, 66121 Saarbrücken, Deutschland / Allemagne
Email: info@presses-academiques.com

Herstellung: siehe letzte Seite /
Impression: voir la dernière page
ISBN: 978-3-8416-3007-0

Zugl. / Agréé par: Alger, Université des Sciences et de la Technologie Houari Boumedienne,Bab Ezzouar.,2012

Copyright / Droit d'auteur © 2014 OmniScriptum GmbH & Co. KG
Alle Rechte vorbehalten. / Tous droits réservés. Saarbrücken 2014

Le présent travail est dédié

A ma mère
A la mémoire de mon père
A mes très chères Sirine et Hounaïda
A Souha et Djouhaïna
A Moumène

Remerciements

Au terme de ce travail, j'ai le plaisir de remercier toutes les personnes qui m'ont encouragée et qui m'ont soutenue tout au long de ce travail.

Je tiens à remercier tout particulièrement ma directrice Yamina Mahdjoub pour m'avoir dirigé, pour la confiance qu'elle m'a témoignée et pour tout l'intérêt qu'elle a porté à ce travail, aussi bien par la qualité de ses exigences scientifiques que par ses critiques constructives et ses nombreux conseils. Qu'elle trouve ici l'expression de ma profonde gratitude.

Mes remerciements les plus sincères vont également à Monsieur Aziouz Ouabadi qui, malgré ses nombreuses occupations, me fait l'honneur de présider ce jury.

Je souhaiterais aussi exprimer ma profonde gratitude à Mr. Hamid Haddoum pour toutes les discussions fructueuses que nous avons eues, notamment au cours de la dernière mission de terrain, ainsi que pour son entière disponibilité. C'est un honneur de l'avoir dans ce jury.

Mes vifs remerciements à Mrs Djelloul BELHAI et Khaled LOUMI qui me font le plaisir et l'honneur d'examiner ce travail ; je les remercie de leur disponibilité.

Je dois aussi rappeler que j'ai eu un grand plaisir à effectuer ma première mission de terrain avec Mr. Mokrane KESRAOUI et Mme Samia NEDJARI ; je les remercie pour tous leurs encouragements et les précieux conseils qu'ils n'ont cessé de me prodiguer.

J'exprime toute ma gratitude à Mr. Youcef Smara et Mme Houria Belhadj pour m'avoir initié à la compréhension des bases de la télédétection en m'autorisant à assister à leurs cours théoriques et en me réservant le meilleur accueil dans leur laboratoire de traitement d'images.

Je ne saurais oublier mes amies Lila, Farida, Tiha, Ismahane et Naïma pour les nombreuses marques de sympathie et d'affection qu'elles n'ont cessé de me témoigner ; je leur exprime ici toute ma gratitude.

Tous mes remerciements et un profond respect à Monsieur D. Meriem, Directeur de GOLDIM (Filiale de l'ORGM), en particulier pour la confection d'une partie des lames minces.

Je remercie également tout le personnel de l'OPNT de Djanet pour l'aide et pour toutes les facilités qu'il m'a accordé lors de mes stages de terrain, et en particulier la jeune et dynamique Melle BERKANI Hayette qui nous a accompagnés durant tous nos déplacements lors du premier séjour ; je n'oublierai jamais les bons moments que nous avons passés ensemble.

Je tiens aussi à remercier profondément :

mes collègues et amies de la FSTGAT en particulier Mrs S. Benzineih , O. Mimouni, ainsi que toute l'équipe du laboratoire 49 qui, d'une manière ou d'une autre, m'ont beaucoup aidé et encouragé lors de la réalisation de ce travail.

Notre jeune chercheur Sofiane, toujours disponible et qui m'a appris les rudiments utiles en informatique.

Je ne saurais clore cette liste sans avoir à exprimer ma sincère reconnaissance et tout mon amour à ma famille pour avoir fait preuve de patience et m'avoir continuellement aidé à tenir bon pour mener à terme ce travail.

Merci encore à tous ceux que je n'ai pas pu citer et qui ont aimablement contribué à la réalisation de ce travail.

Une pensée aussi vers notre regretté Mohamed Tefiani qui a contribué à ma formation.

Résumé.

La région de Djanet, principal objet de notre étude, est située à l'extrémité Nord-est du Hoggar oriental. Elle couvre le terrane de Djanet et une partie du terrane de l'Edembo (Black et *al.*, 1994). Le terrane de Djanet est séparé, à l'Ouest de celui de l'Edembo par la zone de cisaillement de Ti n Amali (ZCTA) orientée NW–SE (Caby et Anréopoulos-Renaud, 1987; Black et *al.*, 1994). Il est surmonté au Nord et à l'Est par les grès paléozoïques cambro-ordoviciens du Tassili n'Ajjer (Beuf et *al.*, 1971). Cette zone n'a encore fait l'objet d'aucune synthèse géologique réellement approfondie.

Peu connue du point de vue structural, la région de Djanet est caractérisée par plusieurs phases de déformations complexes, ductiles et fragiles d'âge panafricain et post-panafricain, que l'on se propose d'analyser dans ce travail, à partir de méthodes classiques de terrain et de traitements numériques d'images satellitaires et d'images numériques de terrain (MNT). Toutefois, l'inexistence de carte géologique récente nous a amené à en élaborer une, encore inédite à l'heure actuelle, qui nous a servi de document de base pour notre étude. Il en ressort que cette région est formée d'un socle néoprotérozoïque, lui-même constitué de deux ensembles: (1) un ensemble granito-gneissique affleurant dans le terrane de l'Edembo et (2) un ensemble méta-sédimentaire épizonal d'âge néoprotérozoïque (inférieur à 590 Ma) (série de Djanet), recoupé, à son tour, par des granitoïdes post-orogéniques formant le terrane de Djanet.

L'analyse du réseau des fractures montre que les directions majeures sont : NW-SE, N-S, NE-SW, et E-W. La direction NW-SE correspond à la zone de cisaillement de Ti n Amali séparant le terrane de Djanet de celui de l'Edembo. Les marqueurs cinématiques observés le long de cette zone montrent que la déformation évolue, du Sud-est vers le Nord-ouest, d'un décrochement à un décro-chevauchement. Ces accidents sénestres affectent les terrains néoprotérozoïques et paléozoïques en décalant les structures N-S vers l'Ouest. La cinématique de ces accidents N-S, analysés le long de la faille de Djanet, indique un décrochement dextre à composante inverse vers l'Est, amenant la couverture paléozoïque sur le socle néoprotérozoïque. La forme en goutte du granite calco-alcalin de Tissalatine indiquerait que cette faille est héritée d'une histoire anté-paléozoïque. La direction NE-SW correspond à des décrochements sénestres. Enfin, la direction E-W correspond à des failles qui recoupent en plusieurs endroits toutes les structures qu'elles traversent. Ces failles E-W à ENE-WSW contrôlent la mise en place du volcanisme cénozoïque (Liégeois et *al.*, 2005) et leur caractère récent est probablement lié à une tectonique extensive. Les résultats obtenus sont conformes aux accidents cartographiés et observés sur le terrain.

Table des matières

Dédicaces..1
Remerciements..2
Résumé..4
Table des matières..6

Chapitre I : Généralités

I. Introduction 13
II. Méthodologie...16
    II.1. Documents utilisés..16
    II.2. Logiciels utilisés et traitements effectués...................17
    II.3. Travaux réalisés..18
III. Techniques utilisées et concepts théoriques adoptés...........20

Chapitre II : Géologie du Hoggar

II. 1. Rappel des caractéristiques du Hoggar..........................30
    II.1.1. Le Hoggar occidental...31
    II.1.2. Le Hoggar central polycyclique................................31
    II.1.3. Le Hoggar oriental..32

II.2. Rappel sur l'histoire du Hoggar oriental...........................33

II.3. L'état actuel des connaissances géologiques du Hoggar Oriental
    II. 3. 1. Le terrane de Barghot (Aïr)....................................37
    II. 3. 2. Le terrane d'Aouzegueur.......................................37
    II. 3. 3. Le terranes d'Edembo..38
    II. 3. 4. Le terrane de Djanet..38

II. 4. La couverture paléozoïque 39
    II.4.1. Le Tassili n'Ajjer
        II.4.1.1. Caractéristiques géographiques................................41
            II.4. 1. 1. 1. Le Tassili externe................................41
            II. 4. 1. 1. 2. Le sillon intratassilien................................42
            II.4. 1. 1. 3. Le Tassili interne................................43

    II. 4.1.2. Lithostratigraphie des formations du Tassili................................43

    II.4.1.3. Histoire tectono-sédimentaire des formations du Tassili n'Ajjer. 44

II. 5. Le volcanisme................................46

Chapitre III : Géologie de la région de Djanet

III. 1. Situation et caractéristiques géographiques de Djanet................................50

A. Analyse des données de terrain

III.2. Situation géologique de la région de Djanet................................57
    III.2.1. Contexte géologique................................58

    III.2.2. Description des différents ensembles lithologiques................................58

        III.2.2.1. Ensemble granito-gneissique................................61

        III.2.2.2. Ensemble sédimentaire................................66

        III.2.2.3. Le magmatisme................................72

III.2. 2. 3. 1. Le granite de Tissalatine………………………….....72
III. 2.2. 3. 2. Le granite de Djanet………………………….…..……75
III.2.2. 3. 3. Les granites de Gour Ti n Beguene, de Tagment, de Tassettouf et de Tadjouisset………………………….....78
  A. Le massif subcirculaire de Gour Ti n Beguene……...……..78
  B. Le granite de Tassetouf………………………………………79
  C. Le granite de Tadjouisset……………………………………..79

III. 2.2.3.4. Les granites de Djéouet, d'Edjédjé, d'Edjériou et de Tin Ber………………………………….…..…..……….79
  A. La coupole granitique de Djéouet………………..…………...80
  B. Le granite d'Edjédjé…………………………….....………..82
  C. Le granite d'Edjériou……………………………….…..…..82
  D. Le granite de Tin Ber ……………………………….…....…82

III. 2. 2. 4. Le complexe filonien de Ti n Amali……………………...82
  A. Les rhyolites………………………………….…....………..83
  B. Les microgranites…………………………………….……….83
  C. Les diorites et les dolérites………………………………..86
  D. Les gabbros ……………………………………………….…..86
  E. Les filons aplo-pegmatites………………………………...86
  F. Les filons de quartz…………………………..……..…..86

III.2. 2.5. Les grès du Tassili ou Paléozoïque…………………….…...87

III.2.2.6. Volcanisme…………………………………..….……..89

B. Cartographie des unités géologiques par télédétection

III. 2.3. Principe de la méthode..92

III. 2. 4. Matériel et méthodes..92
    III. 2. 4. 1. Données utilisées..92
    III. 2. 4. 2. Prétraitements des images.......................................93
    III. 2. 4. 3. Analyse et interprétation des résultats...........................94

III. 2. 5. Apport de la télédétection à la cartographie........................98

III. 2. 6. Conclusion..100

Chapitre IV : Analyse structurale

Analyse de la déformation

I. Les marqueurs de la déformation à l'échelle régionale

A. Etude de la fracturation

IV.I. Cartographie des accidents géologiques par imagerie satellitaire
LANDSAT-ETM+..108

    IV.1. 1. Traitements spécifiques...108
        IV.1.1.1. L'Analyse en Composantes Principales (ACP)..........108
        IV.1.1.2. Filtres directionnels...109

    IV.1.2. Interprétation 114

    IV.1.3. Analyse structurale...115

B. Etude de la déformation ductile

IV.2. Structures cartographiques dans l'encaissant………..………………….122

    IV.2.1. Analyse des images satellitaires provenant de Google Earth ...122
        IV.2.1.1.Trajectoire de la schistosité autour des massifs granitiques………………………………………………………..…125
        IV.2.1.2.Trajectoire de la schistosité à l'intérieur de la série Djanet ………………………………………………………………..126
        IV.2.1.3. Complexe filonien de Ti n Amali………...………..…127

    IV.2.2. Rapport des bandes………………………………………..……...129

III. 3. Apport de la télédétection à l'étude structurale…….......…………..…131

II. Les marqueurs de la déformation à l'échelle de l'affleurement

IV. 4. Analyse de la déformation……………………………………………..133

    VI.4. 1. La déformation ductile
    IV.4. 1. 1. Dans la série de Djanet…………………….………........133

    IV.4. 1. 2. Dans l'ensemble granitique
        IV.4. 1. 2.1. Granite de Tissalatine……………………..……138
        IV.4.1.2.2. Les Granites circulaires...………………….…..138

    IV.4. 2. La déformation fragile
        IV.4. 2. 1. La faille de Djanet……………………………………140

IV.4. 2. 2. La zone de cisaillement de Ti n Amali (ZCTA)
    IV. 4.2. 2. 1. L'ensemble granito-gneissique...................145

Chapitre V : Interprétation et conclusion

V.1. Discussion..148
V.2. Conclusion générale..151
    Références bibliographiques 155

Annexe

Liste des figures 180

Chapitre I
Généralités

I. INTRODUCTION

La région de Djanet, principal objet de notre étude, est située à l'extrême Nord-est du vaste bouclier Touareg. Cette zone reste probablement l'une des régions les moins explorées du Hoggar. Elle n'a encore fait l'objet d'aucune synthèse géologique réellement approfondie bien que des travaux, que l'on se propose de rappeler brièvement, aient été réalisés essentiellement dans les parties centrale et occidentale.

Dès les premières synthèses sur le Hoggar: Chudeau (1907, 1909); Flamand (1911); Killian (1922,1932) et suite aux conclusions de Lelubre (1952) ayant servi de base à la cartographie du Hoggar par le BRMA (Bureau de Recherches Minières en Algérie) au 1/200.000, tous les travaux récents, portant sur différentes régions du Bouclier Touareg, ont clairement démontré que le Hoggar se caractérise par des zones de cisaillements majeurs, d'échelle continentale, orientées Nord-Sud, dont certaines se prolongent bien au-delà du Hoggar. Ces accidents sont **4°50'** et **8°30'**, à jeux décrochants, le séparant en trois blocs crustaux aux géologies contrastées (Bertrand et Caby, 1978), connus, d'Ouest en Est, sous les noms de Hoggar occidental, Hoggar central et Hoggar oriental. Chacune de ces entités est constituée de plusieurs terranes à histoires tectono-métamorphiques différentes (Black et *al.,* 1994).

L'accident 8°30' appelé zone de cisaillement du 8°30' (Bertrand et Caby, 1978) est encore dénommé « shear zone intracontinentale de Tiririne » ; son prolongement connu, dans le massif de l'Aïr, porte le nom de « shear zone de Raghane » (Liégeois et *al.,* 1994, Nouar et *al.,* 2011, Nouar, 2012). Cette zone de cisaillement, d'échelle lithosphérique, sépare les principaux domaines du Hoggar qui sont à l'Est, le Hoggar oriental (**zone étudiée**) et à l'Ouest, le Hoggar central.

Du point de vue géodynamique, les événements orogéniques qui ont affecté le Hoggar sont liés à deux grandes collisions E-W :

- Le Hoggar central et le Hoggar occidental sont liés à une collision, durant le panafricain (650-525 Ma), avec le Craton Ouest Africain (COA) stabilisé à l'Éburnéen (2000 Ma) (Black, 1978, 1984; Black et *al.*, 1979; Caby et *al.*,1981; Bertrand et *al.*, 1986; Liégeois et *al.*, 1987; Caby, 2003 ; et Caby et *al.*, 2010). Cette collision est responsable de la structuration de cette partie en terranes (Black et *al.*, 1994, Liégeois et *al.*, 2003).

- Par ailleurs, le Hoggar oriental, situé à environ 1000 km à l'Est du COA, était considéré comme un domaine échappant aux effets de cette orogénèse. Suite à une autre collision plus ancienne d'environ 700 Ma, il est rattaché au Métacraton Saharien (Bertrand et Caby 1978, Abdesalam et *al.*, 2002). Néanmoins, les travaux de Fezaa (2010) ont démontré que le Hoggar oriental n'a pas été stabilisé à 730 Ma (Caby et Andréopoulos-Renaud, 1987; Liégeois et *al.*, 1994), mais qu'il a plutôt connu une histoire plus récente, matérialisée par une phase panafricaine tardive entre 570 et 555 Ma. Cette histoire se traduit par le déplacement le long des grands couloirs mylonitiques sub-méridiens. Elle se caractérise par une faible déformation de la série de Djanet ainsi que par la mise en place d'un important magmatisme calco-alcalin entre 571 ± 16 Ma et 558 ± 6 Ma.

Du point de vue du métamorphisme, les deux terranes de Djanet et de l'Edembo présentent une évolution contrastée où les formations sont très peu métamorphisées dans le faciès schistes verts pour le terrane de Djanet contrairement à celles de l'Edembo qui sont métamorphisées dans le faciès amphibolite. Cette différence de degré du métamorphisme qui affecte ces deux terranes en même temps peut s'expliquer par une différence du niveau structural.

Il ressort des travaux, cités ci-dessus, que les grands traits géologiques ont été assez largement étudiés. Toutefois, à l'inverse du massif de l'Aïr, le Hoggar oriental n'a fait l'objet que d'un nombre restreint d'investigations récentes et les études effectuées dans le Hoggar oriental restent encore incomplètes, notamment celles relatives à la région de Djanet et en particulier celles concernant l'aspect structural ; les seules observations publiées à ce sujet remontent aux travaux de Kilian (1934). Récemment, des datations géochronologiques et des études géochimiques ont été réalisées dans les terranes de Djanet et de l'Edembo (Fezaa, 2010; Fezaa et *al.*, 2010). Du point de vue structural, la région de Djanet présente un dispositif simple en apparence et qui est matérialisé par l'aspect lenticulaire des terrains paléozoïques allongés suivant une direction globale NNW-SSE à NW-SE. Néanmoins, elle se caractérise par plusieurs phases de déformations complexes, ductiles et fragiles, d'âge panafricain et post-panafricain, que l'on se propose d'analyser à partir de méthodes classiques de terrain combinées avec l'application des différentes techniques de la télédétection afin de déterminer :

1- les différents ensembles lithologiques et leurs relations stratigraphiques;
2- les principaux épisodes de granitisation et leurs relations avec la déformation;
3- la cinématique et l'âge des déformations ductiles et fragiles à l'intérieur du terrane de Djanet et le long du contact entre les deux terranes: ce dernier et celui de l'Edembo.

Dans ce but et afin de contribuer à approfondir nos connaissances pétro-structurales de cette partie relativement peu connue, notre étude s'est limitée à la bordure Est du Hoggar oriental.

II. MÉTHODOLOGIE

II.1. Documents utilisés:

II.1.1. Carte topographique.

La carte topographique utilisée correspond à la feuille de Djanet, NG-32-IV au 1/200.000, Ellipsoïde de Clarke, Projection de Mercator Transverse Universelle (M.T.U.).

II. 1.2. Couverture aérienne.

Elle a fourni les photographies aériennes, Algérie, 1970 ; NG-32-III-IV au 1/80.000 (la photo-interprétation ayant largement contribué à l'étude détaillée sur le terrain).

II.1.3. Images spatiales *LANDSAT-7 ETM+*.

Lancé le 04 mai 1999, *LANDSAT-7*, dernier satellite de la famille *LANDSAT* (Land Satellite) est toujours en fonctionnement. Il possède à son bord un capteur multispectral ETM+ (Enhanced Thematic Mapper Plus) (*http://landsat.gsfc.nasa.gov*); ce capteur enregistre la réflectance de la surface terrestre dans sept bandes spectrales à haute résolution spatiale d'environ 30 mètres pour cinq bandes, celle de l'infrarouge thermique qui est de 120 m et une bande panchromatique (ETM+8) avec une résolution de 15 m. Ce sont des scènes couvrant une superficie de 185 km x 185 km. Elles sont géoréférencées en UTM-32-N, WGS 84 (*World Geodesic System* ou système géodésique mondial, version de 1984).

Les deux scènes concernant la région de Djanet et ses environs sont: Path190 et Row 043 & Path189 et Row 043, et ont été acquises le 29 novembre 2000.

II.1.4. Images du Modèle Numérique de Terrain (MNT).

Les images du Modèle Numérique de Terrain (**MNT**) sont des fichiers numériques contenant des données altimétriques servant à décrire, selon différentes résolutions, le relief d'un territoire donné. La taille du pixel du MNT correspond à 50 m sur le terrain. Les images MNT peuvent être affichées en plan ou en bloc diagramme «3D», ce qui permet de tracer des profils topographiques et de voir le terrain sous différents angles de vue. A chacune des couleurs correspond un niveau d'altitude bien précis. L'exploitation de ces images nécessite l'utilisation de logiciels spécifiques tels que le Global Mapper et l'ENVI.

II.2. Logiciels utilisés et traitements effectués:

II.2.1. MapInfo Professional 8.0 et 10

MapInfo est un logiciel de référence pour l'analyse cartographique; il permet, en tant que Système d'Information Géographique (SIG), de manipuler et d'analyser tout type de données géographiques en format vecteur ou raster; il permet également de réaliser des cartes thématiques.

II.2.2. GEScene for MapInfo

GEScene est un utilitaire qui permet d'importer des images géoréférencées du moteur de recherche Google vers MapInfo. Cependant, la qualité de l'image et son étendue dépendent du zoom réalisé sur Google Earth. Nous avons alors construit une carte du champ de la déformation à partir d'un ensemble d'images élémentaires couvrant chacune une surface de 280 m x 280 m environ.

II.2.3. ENVI 4.8

ENVI (ENvironment for Visualizing Images i.e. « environnement de traitement d'images »), c'est un logiciel de visualisation et d'analyse d'images issues de la télédétection; il nous a permis d'effectuer des traitements de Filtrage, d'Analyse en Composantes Principales (ACP) et de rapport des bandes.

II.2.4. Global Mapper 11

Simple utilitaire, **Global Mapper** est un système d'information géographique (SIG). Il possède des fonctionnalités internes pour le calcul de distances et de superficies ainsi que la gestion de la luminosité et du contraste des images raster. Il gère aussi des requêtes sur les altitudes ainsi que des rectifications d'images (création de contours) à partir de MNT. Enfin, il permet la visualisation des données d'altitudes en 3D avec un drapage de tout type d'images (raster ou en données vectorielles).

II.3. Travaux réalisés:

Le travail réalisé combine l'analyse de terrain couplée avec l'apport de la télédétection, technique performante dans les domaines sahariens. Cette approche méthodologique a permis d'établir :

II.3.1. Une cartographie géologique

La réalisation d'un lever de carte géologique au 80.000^{ème} a été effectuée par les méthodes classiques de terrain . Cette cartographie montre les relations entre, d'une part les granito-gneiss du terrane de l'Edembo, et d'autre part la série méta-sédimentaire épizonale de Djanet, les granitoïdes et les filons du terrane de Djanet qui les recoupent.

II.3.2. une analyse structurale (échelle régionale)

L'analyse structurale est basée sur les traitements numériques et l'interprétation de l'image satellite ETM+ de Landsat 7. Ces techniques ont eu pour résultats la cartographie linéamentaire à l'échelle régionale précisant les directions majeures des cisaillements et leur cinématique au cours de l'évolution néoprotérozoïque et postérieure de la région.

II.3.3. Une étude pétrographique

L'étude pétrographique a été faite sur des lames minces réalisées à partir d'échantillons prélevés dans les différents faciès étudiés lors de deux missions de terrain. La confection de ces lames a été effectuée auprès de l'O.R.G.M. (Office de Recherches Géologiques et Minières).

II.3.4. Une étude structurale (terrain)

L'étude structurale de terrain précise la nature, les caractères et la cinématique des successions des déformations ductiles et fragiles.

II.3.5. Une analyse de la cinématique des déformations

L'analyse de la cinématique des déformations, basée sur l'analyse interprétative des photographies aériennes, des images satellites et des images MNT, est confrontée aux observations sur le terrain. Pour cela, on a fait appel à un certain nombre de techniques et de concepts théoriques que nous allons présenter.

III. Techniques utilisées et Concepts théoriques adoptés.

III.1. Techniques de la télédétection utilisées.
III.1.1. Apport de la télédétection optique à la cartographie géologique.

Les applications des techniques spatiales aux études géologiques ont énormément évolué depuis le lancement du premier satellite *LANDSAT* en 1972. Les données satellitaires constituent une importante source d'information pour la cartographie géologique. En effet, la télédétection (en anglais « *remote sensing* ») offre une vue générale pour l'établissement de cartes régionales utiles pour l'analyse à petite échelle en vue d'une cartographie détaillée (Chorowicz et Deroin, 2004).

Les images optiques multispectrales permettent de discerner, avec une très grande précision, le réseau linéamentaire ainsi que les différentes formations géologiques, et ce, sur la base de leurs signatures spectrales.

Les traitements numériques appliqués sont (1) la caractérisation des signatures spectrales et (2) l'analyse des textures par filtrage. Ces traitements consistent en des analyses de couleur et de texture, des analyses en composantes principales, des rapports de bandes, des transformations RVB (Rouge, Vert, Bleu) → ITS (intensité-teinte-saturation), des lissages et des combinaisons entre canaux.

Ainsi, les géologues disposent d'un nouvel outil complémentaire de la cartographie classique pour une meilleure connaissance de la géologie de surface et de sous-surface. Cette nouvelle technologie permet de réaliser, de compléter et de réactualiser la cartographie géologique.

III.1.2. Les images spatiales *Landsat -7 ETM+*.

Grâce aux bandes de longueurs d'onde auxquelles les capteurs sont sensibles, les images satellitaires Landsat-7ETM+ à haute résolution spectrale et spatiale sont riches en informations de diverses natures portant sur des objets au sol et ne pouvant, de ce fait, être directement exploitées en raison des dimensions de la région étudiée. Pour faciliter l'interprétation géologique et donc mieux discerner les éléments d'analyse structurale, un ensemble de techniques de traitement d'images à multicapteurs a été utilisé pour (1) la cartographie des réseaux de fractures dans l'ensemble des formations, (2) la cartographie des limites de couches lithologiques. La résolution spectrale des bandes individuelles TM et leurs applications sont fournies dans le tableau ci-dessous.

Bandes	Domaine Spectral (µm)	Résolution	Application
TM 1	0,45 – 0,52 (bleu)	30 m	Discrimination entre le sol et la végétation, bathymétrie, cartographie côtière; identification des traits culturels et urbains.
TM 2	0,52 – 0,60 (vert)	30 m	Cartographie de la végétation verte (mesure le sommet de réflectance); identification des traits culturels et urbains.
TM 3	0,63 - 0,69 (rouge)	30 m	Discrimination entre les espèces de plantes avec feuilles ou sans feuilles; (absorption de la chlorophylle); identification des traits culturels et urbains.
TM 4	0,76 - 0,90 (proche IR)	30 m	Identification des types de végétation et de plantes; contenu de la masse biologique; délimitation des étendues d'eau; humidité dans le sol.
TM 5	1,55-1,75 (IR de courte longueur d'onde)	30 m	Sensible à l'humidité dans le sol et les plantes; discrimination entre la neige et les nuages.
TM 6	10,4-12,5 (IR thermique)	120 m	Discrimination du stress de la végétation et de l'humidité dans le sol reliée au rayonnement thermique; cartographie thermique
TM 8	2,08-2,35 (IR lointain)	30 m	Discrimination entre les minéraux et les types de roches; sensibilité au taux d'humidité dans la végétation.

Tableau 1: Caractéristiques et applications des bandes spectrales du capteur TM.

En effet, l'analyse de l'image *Landsat -7ETM+*, (1) composition colorée (combinaison RVB des trois canaux : proche infrarouge en rouge, canal rouge en vert et canal vert en bleu), (2) analyse en composantes principales (ACP), (3) filtres directionnels et (4) rapports de bandes, a permis de relever les linéaments cartographiques et de mieux caractériser les unités géologiques homogènes.

III.1.2.1. Filtres directionnels.

L'application des filtres permet de trouver la meilleure façon d'identifier les linéaments correspondant à des discontinuités lithologiques ou structurales dans les images. Certains filtres, comme l**es filtres directionnels,** ont de nombreuses applications en géologie; nous les avons utilisés pour la détection de structures géologiques linéaires. Ces filtres permettent aussi de réaliser des analyses univariées correspondant à des traitements concernant un seul canal. En effet, l'application de ces filtres directionnels sur l'ACP1 a permis de cartographier un grand nombre de linéaments. Les accidents les plus importants s'orientent suivant quatre directions privilégiées: N-S, NW-SE, NE-SW, et E-W. Ces résultats sont conformes aux orientations cartographiées et observées sur le terrain.

III.1.2.2. Rapports de bandes (ou bandes ratios).

L'analyse des rapports de bandes est basée sur la notion de réflectance. Cette méthode permet de réduire les effets de la topographie et d'augmenter le contraste entre les surfaces minérales. Les rapports de bandes sont utilisés pour une analyse lithologique des formations.

II.1.3. Les images MNT.

Les images du Modèle Numérique de Terrain MNT sont utilisées pour la topographie et la visualisation en 3D de la zone d'étude en combinaison avec les images satellitaires.

III.2. Concepts théoriques adoptés.

III.2.1. Déformation et déplacement du matériel lithosphérique.

Dans un domaine orogénique donné et parmi les structures susceptibles de présenter et d'induire des déformations caractéristiques, il est important de considérer les décrochements et les plutons intrusifs.

III.2.1.1. Les décrochements :

Les décrochements sont des zones verticales déformées, de faible épaisseur au regard de leurs longueurs et aux limites desquelles les déplacements s'effectuent selon des directions subparallèles à celles-ci.
Généralement, ces zones décrochantes engendrent une déformation globalement plane et s'organisent en réseau. Ce processus ne contribue donc ni à épaissir ni à amincir la croûte.
Par conséquent, la déformation dans ces zones décrochantes peut être entièrement continue, discontinue ou intermédiaire (continue-discontinue).

III.2.2. La déformation des domaines décrochants:

Quel que soit le type de déformation affectant un domaine décrochant, on note que le champ de déformation possède les caractéristiques suivantes:

A. Les trajectoires des déformations principales, sigmoïdales, sont symétriques de part et d'autre de l'axe central de la zone décrochante (Fig. 1).

B. Les trajectoires des axes principaux de la déformation, sont symétriques de part et d'autre de l'axe central de la zone décrochante, le plan λ_1 λ_2 correspond à la surface S (foliation ou schistosité) et λ_3, axe de raccourcissement principal ; les plans λ_1 λ_2 sont toujours perpendiculaires à λ_3 (Fig. 1).

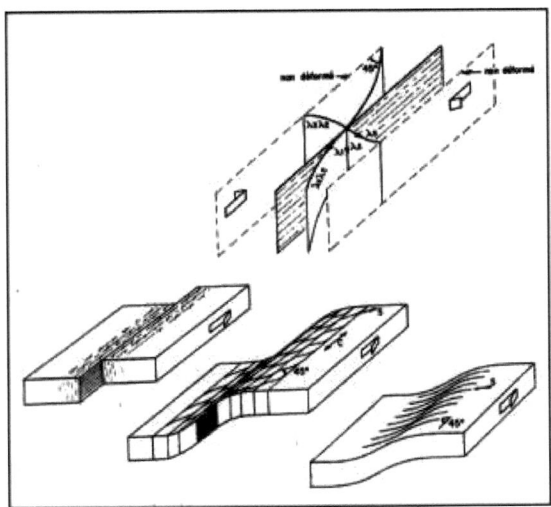

*Fig. 1: champs de déformation dans un décrochement. **En haut**, champs de déformation dans un décrochement dextre. **En bas**, trois types de décrochements sénestres: le modèle purement discontinu, le modèle purement continu- discontinu (avec structures C/S) et le modèle de déformation continue. (Odonne et Vialon, 1983).*

II.2.3. Les structures des domaines décrochants:

a- Structure significative de la déformation discontinue, «loi de Mohr-Coulomb»:

Dans les zones décrochantes, les failles, relativement petites par rapport à ces zones, sont des décrochements. Ces derniers sont obliques à la direction du déplacement (supposé assez faible) aux limites du domaine.

Les décrochements parallèles à la direction de cisaillement n'apparaissent qu'à partir d'une certaine valeur de γ (γ = tg ψ, ψ étant l'angle de cisaillement).

Quelle que soit l'intensité de la déformation discontinue, les autres structures (discontinuités) doivent décrire les changements progressifs de l'orientation des plans λ_1 λ_2 à travers le domaine décrochant.

b- Les structures de la déformation continue-discontinue:

Le modèle élémentaire de décrochement s'exprime par les structures **C/S** espacées en bordure du domaine et denses vers le centre au fur et à mesure que l'angle **C/S** diminue.

c- Les structures de la déformation continue:

Les plans **S** (plans λ_1 λ_2) ont une orientation classique par rapport à la direction de cisaillement d'un angle variant de 45° aux bords de la zone jusqu'à 0° en son centre.

Si le matériel est lité, les plis peuvent être présents dans les trois types de déformation ; ils sont alors, généralement, disposés en échelon et leurs axes horizontaux subissent des variations conformes aux variations de l'orientation de λ_1. (Odonne et Vialon, 1983).

Au centre de la zone, si la déformation est intense, les axes de plis sont verticaux lors de leur initiation et ont tendance à se réorienter dans la direction de λ_1.

III.2.4. Les conditions thermo-barométriques:

Dans les grandes zones de décrochement ductile, il est très fréquent d'observer (1) des domaines de fusion partielle (2) des mises en place privilégiées de plutons granitiques. Ceci peut être expliqué de deux manières:

- **A.** soit la zone de décrochement est une zone de circulation privilégiée de fluides profonds,

- **B.** soit le fonctionnement de la zone de décrochement induit un réchauffement dû aux frictions ou à un échauffement visqueux le long des parois des discontinuités décrochantes.

III.2.5. Les intrusions plutoniques :

Dans un domaine crustal profond, les plutons sont rarement isolés et les déformations enregistrées peuvent résulter de l'interférence de plusieurs d'entre eux ; par ailleurs, la mise en place s'effectue dans les conditions tectoniques suivantes :

III.2.5.1. Dans un contexte de déformation régionale non coaxiale

La mise en place d'un pluton granitique dans un contexte de déformation régionale non coaxiale peut induire une déformation non coaxiale hétérogène.

a- la déformation non coaxiale simple hétérogène

La mise en place d'un pluton granitique dans un contexte de déformation régionale non coaxiale par cisaillement simple hétérogène va être influencée par l'effet de bord créé par la discontinuité cisaillante et prendra une forme en cornue (en gouttes) très typique (Brun, 1990) (Fig. 2). Le bord intrusif confondu avec le décrochement est affecté par des structures C/S qui tiennent compte du gradient de déformation résultant du fonctionnement de la zone décrochante.

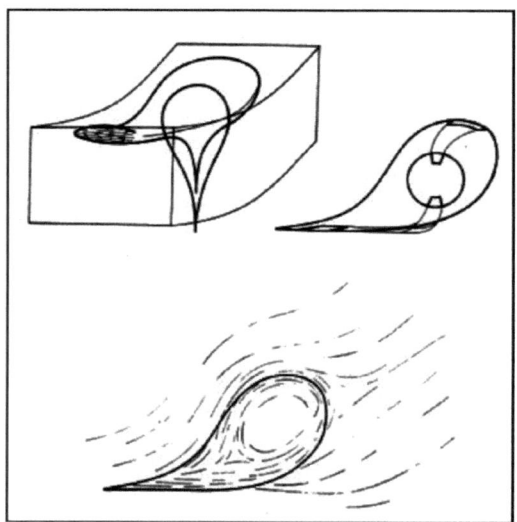

Fig. 2: *Champ de déformation liée à la mise en place d'un pluton en contexte non coaxial homogène avec un bord de pluton impliqué dans une déformation cisaillante hétérogène (Choukroune, 1995).*

Chapitre II
Géologie du Hoggar

II. 1. RAPPEL DES CARACTERISTIQUES DU HOGGAR

Le massif du Hoggar, ou socle Touareg, comprend essentiellement des formations archéennes, paléoprotérozoïques et néoprotérozoïques surmontées en discordance par les formations sédimentaires du paléozoïque et recoupées par d'importantes manifestations volcaniques Méso-Cénozoïques, notamment dans le Tassili n'Ajjer.

Ce bouclier Touareg constitue la chaîne panafricaine (Lelubre, 1952; Kennedy, 1964 ; Black, 1966, 1967 ; Caby, 1970), dont le Hoggar (*Ahaggar*) représente la partie algérienne avec 540.000 km^2 de superficie. Il se prolonge dans l'Adrar des Iforas au Sud-ouest du Mali et dans le massif de l'Aïr à l'Est du Niger.

Les connaissances sur le panafricain (850-520 Ma), (Kennedy, 1964), ont beaucoup évolué ; les résultats obtenus, durant ces dernières années, ont amené certains auteurs (Bertrand et Caby, 1978 ; Bertrand et *al.*, 1978; Black et *al.*, 1979; Caby et *al.*, 1981, 1982; Caby, 1982; Bertrand et *al.*, 1986; Liégeois et *al.*, 1987; Boullier, 1991) à établir un nouveau concept géodynamique.

Actuellement, le bouclier targui est considéré comme une chaîne de collision constituée par un assemblage de plus d'une vingtaine de terrains mobiles allochtones, appelés "**terranes**" (blocs ayant des caractéristiques litho-stratigraphiques, structuro-métamorphiques et magmatiques diverses, accolés les uns aux autres), au lieu de la classification classique en trois domaines: le Hoggar occidental ou chaîne pharusienne, le Hoggar central polycyclique et le Hoggar oriental (Bertrand et Caby, 1978). Ils sont amalgamés puis déplacés le long d'immenses zones de cisaillement «mega-shear zone» décrochantes, parfois à caractère transpressif ; d'où la mise en place de nombreux granites calco-alcalins fortement potassiques en bordure des terranes au cours de l'orogenèse panafricaine (Black et Liégeois, 1993; Black et *al.*, 1994; Liégeois et *al.*, 1994; 2000, 2003; Caby, 2003).

Ces accidents panafricains ont subi des rejeux tardifs verticaux permettant le développement de bassins sédimentaires et paléozoïques (Beuf et *al.*, 1971) en plus d'un volcanisme méso-cénozoïque et actuel (Girot, 1971, Black et *al.*, 1985, Liégeois et *al.*, 2005).

II.1.1. Le Hoggar occidental.

Le Hoggar occidental est limité à l'Ouest par le Craton Ouest-Africain. A l'Est, il est séparé du Hoggar central par l'accident subméridien du 4°50' (Caby, 1968). C'est un segment de croûte juvénile et il représente la chaîne pharusienne la plus complète. Elle est constituée de matériaux peu métamorphiques (métasédiments et complexes magmatiques) d'âge Néoprotérozoïque (Protérozoïque supérieur à terminal), répartis à travers plusieurs terranes. Deux rameaux y sont distingués (occidental et central, Caby, 1970 ; Black, 1978), séparés par le môle granulitique d'In-Ouzzal constitué lui-même de formations archéennes, structurées et métamorphisées à l'Eburnéen.

II.1.2. Le Hoggar central polycyclique.

Le Hoggar central polycyclique représente la partie médiane du bouclier et se trouve limité, respectivement, à l'Est et à l'Ouest par les deux accidents décrochants : 8°30' et 4°50'; le Hoggar central constitue un vaste domaine de croûte continentale ancienne et épaisse. De plus, il a subi une évolution polycyclique liée à deux événements tectono-métamorphiques majeurs: Éburnéen (2000 ± 200 Ma) et Panafricain (600 ± 30 Ma).

II.1.3. Le Hoggar oriental.

Le Hoggar oriental est situé à l'Est du cisaillement 8°30' appelé ''Raghane shear zone '' en Aïr (Bertrand et *al.*, 1978 ; Liégeois et *al.*, 1994, 1998; Nouar et *al.*,2011). Il comporte deux grands ensembles: le domaine Tafassasset-Djanet et la chaîne tiririnienne (Bertrand et *al.*, 1978).

Le domaine du Tafassasset-Djanet représente le substratum de la Formation de Tiririne. Il est subdivisé en trois sous-domaines séparés par des cisaillements verticaux à réactivations post-paléozoïques et dont les relations stratigraphiques sont inconnues (Caby et *al.*, 1987). Le domaine Tafassasset-Djanet se distingue par l'abondance de termes volcano-détritiques et par un énorme développement de granodiorites tardif.

La chaîne Tirininienne constitue un rameau orogénique linéaire subméridien et longe la bordure orientale de la zone de cisaillement 8°30'. Elle est constituée de dépôts détritiques de plus de 6000 m d'épaisseur (Bertrand et Caby, 1978) (Fig. 3). Cette série est largement décrite (Blaise, 1961. Guérangé et Vialon, 1960 ; Fabre, 1976, 2005 ; Bertrand et *al.*, 1978).

Le Hoggar oriental forme un bloc qui était considéré comme un socle cratonisé avant l'événement panafricain, (Caby et Andreopoulos-Renaud, 1987). Ces ensembles ont été identifiés et rattachés au métacraton saharien (Liégeois et *al.*, 1994 , Liégeois et *al.*, 2000 et Abdelsalam et *al.*,2002). Récemment, il a été démontré que le Hoggar oriental a connu une histoire plus jeune car il a subi une phase panafricaine tardive entre 570 et 555 Ma (Fezaa, 2010 ; Liégeois et *al.*, 2012).

Les parties Ouest et Centre du Hoggar ont déjà fait l'objet de nombreuses études parues notamment dans un numéro spécial du *Journal of African Earth Science* (2003). Nous allons donc donner quelques indications sur la géologie de la partie Est seulement du Hoggar.

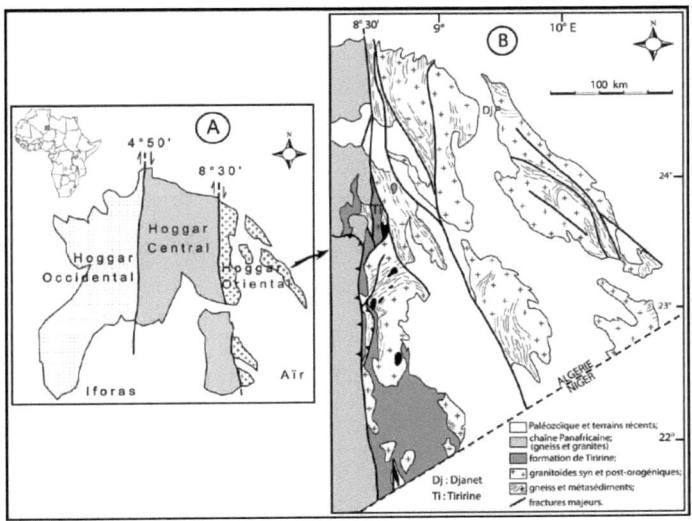

Fig. 3 : Subdivision structurale du Hoggar oriental.
(A) Classification du Hoggar (Bertrand et Caby, 1978);
(B) Schéma géologique du Hoggar oriental (Caby et Andreopoulos-Renaud, 1987).

II.2. RAPPEL SUR L'HISTOIRE DU HOGGAR ORIENTAL

Les premiers renseignements (description géographique) sur le Hoggar oriental remontent à la deuxième moitié du 19e siècle grâce aux quelques précurseurs qui ont traversé le Sahara tels que Barth et Richardson en 1850, Erwin Von Bary en 1876, la mission Flatters en 1884, et la mission Foureau-Lamy en 1898-1905.

Par ailleurs, les premières études géologiques ont été réalisées par Butler en 1920-1922 et Killian à partir de 1921 et jusqu'à 1932. Les publications de ce dernier sur le Hoggar oriental définirent les relations existant entre le massif cristallin et sa couverture.

Toutefois, les travaux remarquables de Lelubre, en 1952, ont servi de référence à toutes les recherches récentes dans l'Ahaggar. Il dessina les contours du Hoggar oriental qui apparurent sur la première édition de la carte géologique au 1/200.000^e du Sahara central.

De 1953 à 1956, Blaise entreprit des travaux qui lui permirent d'établir la première carte géologique schématique du Hoggar oriental au 1/1000.0000^e (inédite).

Après 1956, l'époque de la cartographie extensive s'étala jusqu'à 1964 sous la direction du B.R.M.A. (Bureau de Recherches Minières de l'Algérie) puis du B.R.G.M. (Bureau de Recherches Géologiques et Minières) ainsi que du Service de la Carte Géologique de l'Algérie; ceci aboutît à l'élaboration d'une carte d'ensemble au 1/500.000^e accompagnée d'une notice explicative dès 1962 (document de base de toutes les recherches ultérieures).

Entre 1960 et 1961, Guerangé a mis en évidence l'existence de rhyolites dans la région d'Edembo.

Par ailleurs, la série de Tiririne a été corrélée avec, d'une part le Pharusien (Guerangé et Vialon, 1962), le Pharusien et la série molassique du proche Ténéré d'autre part (Blaise, 1956).

A partir de 1962, date du début de la mise en valeur des richesses du sous-sol saharien, le Hoggar fit l'objet d'importants travaux pour la SONAREM (Société Nationale de Recherche et d'Exploitation Minière), pour l'E.R.E.M. (Entreprise de Recherche et d'Exploitation Minière) et actuellement pour l'O.R.G.M. (Office de Recherches Géologiques et Minières). Ces travaux constituent la source d'un grand nombre de comptes- rendus et de levés géologiques (inédits).

En 1967, Blaise propose une nouvelle interprétation basée sur la juxtaposition et sur la succession, dans le temps, de multiples cycles orogéniques : ces phénomènes successifs auraient affecté les diverses parties du Hoggar oriental, les unes après les autres, mais à des périodes différentes.

Parallèlement à ces études du Précambrien du Hoggar oriental, les terrains de la couverture sédimentaire firent l'objet de quelques travaux. En 1955, Birot et *al.*, firent des observations morphologiques entre Djanet et l'Amadror ; puis en 1959, Remy étudia les séries sédimentaires et les appareils éruptifs.

Plus tard, les géologues pétroliers, (Lessard et Bertrand, 1958), (Lessard, 1961) et (Freulon, 1964) complétèrent l'étude sur la couverture tassilienne de ce pays précambrien.

De nombreux géologues de l'Institut Français du Pétrole avec le concours des sociétés pétrolières, d'abord françaises puis algériennes, aboutirent à de nouveaux résultats publiés sous forme d'un ouvrage collectif remarquable sous la direction de Beuf en 1971.

En parallèle, des études géochronologiques des roches du Hoggar oriental ont été publiées sous forme d'un compte-rendu (Guerangé et Lasserre, 1971).

La Société Nationale SONATRACH publia toute une série de cartes géologiques dont notamment celle de Djanet (Bennacef et *al.*, 1976).

L'interprétation des données géophysiques acquises au niveau du Hoggar oriental a été réalisée par Bournas en 2001.

Des études géochimiques et des datations géochronologiques ont été effectuées dans les granitoïdes du massif d'Arirer du terrane d'Aouzegueur (Zeghouane, 2006).

L'étude préliminaire des minéralisations dans la région de Djanet a été réalisée par Oulebsir, en 2009.

Enfin, pour terminer l'historique des travaux réalisés, on mentionnera les données géochronologiques (U-Pb/zircon et Rb-Sr/roches totales) et géochimiques de certains massifs magmatiques ainsi que l'encaissant métasédimentaire de la région de Djanet (Fezaa, 2010).

II.3. L'état actuel des connaissances géologiques du Hoggar oriental

Le domaine de Djanet-Tafassasset est formé de trois terranes distincts: Djanet, Edembo et Aouzegueur (Black et *al*., 1994) limités par de grands accidents verticaux orientés NW-SE ; ce dernier est intrudé par des granites syn à tarditectoniques calco-alcalins, d'âge 729$\pm$8 Ma (U-Pb/ zircon): (Caby et Anréopoulos-Renaud, 1987).

Les deux premiers terranes sont localisés uniquement dans le Hoggar mais restent encore mal connus; le dernier est commun au Hoggar et à l'Aïr.

Le Hoggar oriental englobe quatre terranes, le Barghot dans l'Aïr et les trois autres précédemment cités (Black et *al*., 1994), (Fig. 9).

II.3.1. Le terrane de Barghot (Aïr) :

Le terrane de Barghot est constitué d'un socle migmatitique remobilisé, de gneiss mono à polycycliques affectés par un métamorphisme du faciès amphibolite de haute pression recoupé par des batholites tardi à post-orogéniques, calco-alcalins fortement potassiques de large extension et de plutons mis en place entre 715 et 665 Ma (U-Pb/zircon; Liégeois et *al*., 1994).

II.3.2. Le terrane d'Aouzegueur:

Dans l'Aïr, le terrane d'Aouzegueur comprend un assemblage ophiolitique et des sédiments de plate-forme métamorphisés dans le faciès schistes verts (Boullier et *al*., 1991), intrudés vers 730 Ma par des roches plutoniques d'affinité TTG (une suite magmatique à tonalite-potassique-granodiorite) contenant des restes d'amphibolites mafiques et ultramafiques (Caby et Anréopoulos-Renaud, 1987).

Ces deux terranes sont charriés l'un sur l'autre et sont constitués de plusieurs écailles plongeant faiblement vers l'Ouest ou le Sud-ouest. La réorientation, dans l'empilement des nappes, de la direction de la linéation d'étirement minéral de NNE à EW est caractéristique des charriages le long d'une zone de transpression (Boullier et *al*., 1991). Ces nappes sont recoupées vers 800–650 Ma par un pluton post cinématique, et sont recouvertes par des dépôts molassiques épais (5000m) se prolongeant au Hoggar oriental (Boullier et *al*., 1991; Liégeois et *al*., 1994). Ces derniers dépôts sont sub-contemporains de la fin des chevauchements (Bertrand et *al*., 1978) puisque le groupe du proche Ténéré est comparable au groupe de Tiririne.

Dans sa partie algérienne, le terrane d'Aouzegueur est formé de matériel juvénile océanique représenté par un socle à dominance de granites, de roches volcano-détritiques, de marbres, de pyroxénites à grenat et de skarns, d'une formation flyschoïde à schistes, greywackes, tufs, andésites et diabases. Ce socle est intrudé par diverses familles de plutonites d'âge 600 Ma (Henry et al., 2009).

Les terranes d'Aouzegueur et de Barghot ont été très peu affectés par l'évènement panafricain tardif.

II.3.3. Le terranes d'Edembo :

Le terrane d'Edembo correspond à une ceinture NW-SE de roches sombres très déformées « mylonitiques » qui est formée d'un assemblage de micaschistes, méta-greywackes, de rares lentilles de marbres et d'importants corps concordants de basaltes. Le socle est parfois migmatitique déformé, métamorphisé dans le faciès amphibolite et recoupé par de nombreux filons granitiques et des sills rhyolitiques.

La migmatisation de la région d'Ouhot a été datée à 568 ± 4 Ma par la méthode U/Pb sur zircon (Fezza et al., 2010).

II.3.4. Le terrane de Djanet :

Le terrane de Djanet est caractérisé par des formations sédimentaires faiblement métamorphiques dans le faciès schistes verts, peu déformées et intrudées par plusieurs corps granitiques panafricains syn à post-orogéniques.

Cependant, les nouvelles datations (U-Pb) /zircon (Fezaa et al., 2006 ; Fezaa, 2010) sur quelques massifs granitiques ont donné un âge de 571 ± 16 Ma pour le batholite de Djanet, 568 ± 5 Ma pour le pluton de Tin Bedjene (Gour Ti n

Beguene) et 558±6 Ma pour les rhyolites de Ti n Amali. De plus, des datations effectuées sur des populations de zircons des conglomérats du groupe de Djanet (série de Djanet (méthode $^{207}Pb/^{206}Pb$) ont donné des âges paléoprotérozoïques 1914, 1892 Ma et néoprotérozoïques de l'ordre de 710, 650, 595 Ma (Fezaa, 2010). Ces résultats impliquent un âge plus récent de la série de Djanet (plus récent que 595 Ma).

II.4. La couverture paléozoïque

La couverture sédimentaire du socle du Hoggar s'étale du Cambrien au Carbonifère avec des vestiges d'une glaciation attribuée à l'Ordovicien (Beuf et *al*, 1971 ; Bennacef, et *al*, 1971,). Néanmoins, le Tassili-n-Ajjer, fait partie de cette couverture (Fig.4).

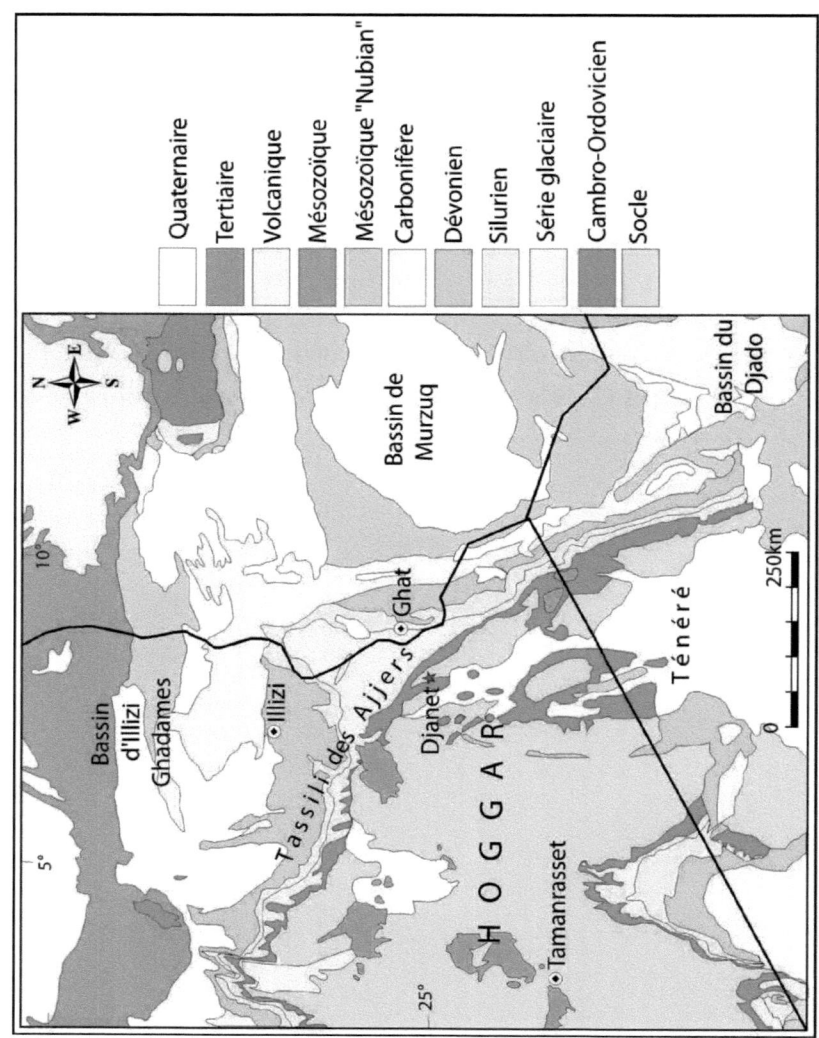

Fig. 4: Carte géologique simplifiée du Tassili n'Ajjer (Moreau, 2005).

II.4.1. Le Tassili n'Ajjer
II.4.1.1. Caractéristiques géographiques

Situé à environ 600 km au Nord-ouest de Tamanrasset, le Tassili n'Ajjer ou Tassili n'Azdjer est un vaste plateau gréseux subhorizontal, très érodé, souvent bordé de hautes falaises et entaillé de profonds canyons creusés par les oueds. Il s'étale sur une superficie d'environ 135 000 km², sous forme d'une bande légèrement inclinée vers le Nord-est. Dans les bordures nord du Hoggar, le plateau présente une variation d'altitude de 1500 à 1 800 m, alors que vers le Sud elle diminue pour atteindre une centaine de mètres. Géographiquement, l'ensemble du Tassili est composé de deux séries tabulaires superposées (le Tassili externe et le Tassili interne), inclinées vers l'extérieur et séparées par le sillon intra-tassilien. De son côté, le sillon infra-tassilien constitue une vaste dépression. Cette partie basse représente le domaine des ergs dont le plus important est l'erg d'Admer (Kilian, 1922; Freulon, 1964; Dubois, 1962), (Fig. 5).

A l'extrême Sud de ce plateau gréseux se trouve la ville de Djanet ; ainsi, le Tassili n'Ajjer fait partie du Tassili interne et il occupe toute la partie Nord-est du Hoggar oriental.

II.4.1.1.1. Le Tassili externe :

Le Tassili externe est compris entre le sillon intratassilien au Sud et le bassin d'Illizi au Nord ; il s'allonge de la vallée de l'Igharghar à celle de Tarat. Formé essentiellement de grès, son épaisseur est de 100 à 400 m approximativement. Il est considéré comme étant d'âge dévonien inférieur et présente l'aspect d'une falaise importante au-dessus de la dépression intratasilienne (Dubois et *al.*, 1967).

II.4.1.1.2. Le sillon intratassilien :

Le sillon intratassilien correspond à une dépression, d'une longueur de 500 km environ, qui sépare les Tassilis interne et externe. Ce sillon est constitué par des affleurements argilo-sableux d'âge silurien avec à la base une épaisse formation d'argiles à graptolites. L'épaisseur varie de 15 à 600 m (Dubois et Mazelet, 1965).

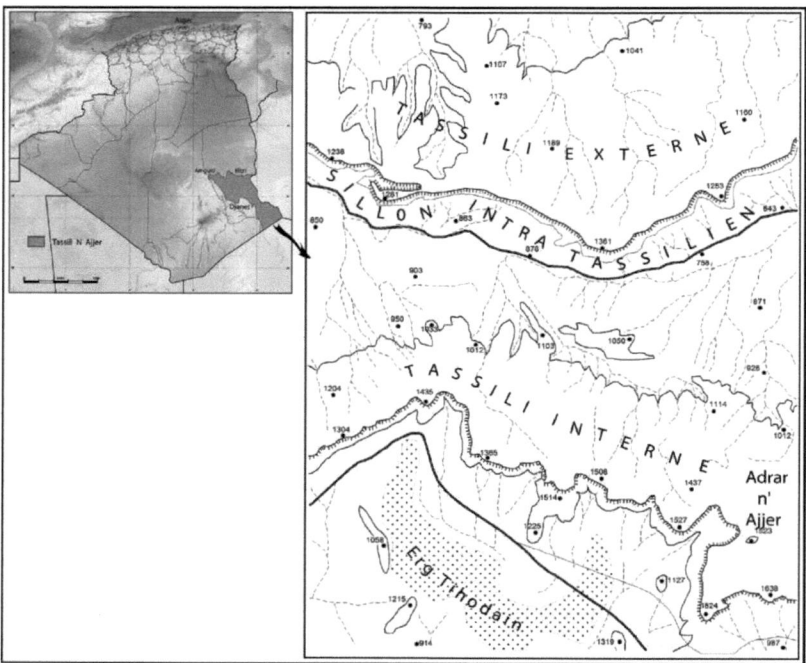

Fig. 5: *Schéma représentatif des différentes parties du Tassili. (Beuf et al., 1971).*

II.4.1.1.3. Le Tassili interne :

Le Tassili interne est compris entre le socle cristallin du Hoggar au Sud et le sillon intratassilien au Nord. Il forme la première falaise sédimentaire au-dessus du socle « Précambrien ». Cette falaise, d'accès difficile, forme une dépression s'étendant le long de toutes les limites d'affleurements. Il est généralement considéré comme étant d'âge Cambro-ordovicien ; l'épaisseur est de 50 à 2000 m. Il est généralement subdivisé en plusieurs formations.

II.4.1.2. Lithostratigraphie des formations du Tassili n' Adjjer

Les formations du Tassili sont très variées et c'est ainsi que le Tassili n'Ajjer est le siège d'une sédimentation de plate-forme stable durant le Paléozoïque inférieur.

Du point de vue stratigraphie, il est composé par un ensemble de formations variées (Fig.6) :

Le Cambro-Ordovicien est subdivisé en trois formations qui sont de bas en haut : la formation des Ajjers, la formation d'In Tahouite et la formation de Tamadjert.

Le Silurien comprend deux formations : la formation d'Imirhou, surmontée à son tour par la formation de l'Atafaïtafa.

Le Dévonien inférieur est subdivisé en trois formations qui sont, de bas en haut : la formation de Tamelrikt (Mouydir) et Assedjrad 2 (Ahnet), la formation d'Oued Samène et, au sommet, celle du Dévonien inférieur argilo-gréseux.

Le Dévonien moyen se caractérise par la présence d'une faune abondante qui permet de distinguer l'Eifelien du Givétien. La séquence eifélio-givetienne, plus complète et globalement transgressive, est présente à l'Ouest de l'Ahnet.

Le Carbonifère, comporte une dizaine d'unités lithostratigraphiques réparties entre le Tournaisien, le Viséen et le Namurien.

II.4.1.3. Histoire tectono-sédimentaire des formations du Tassili n'Ajjer

Sur le plan tectono-sédimentaire, les travaux effectués par Claracq et *al*., (1958); Borroco et Nyssen, (1959); Freulon, (1964) ; Beuf et *al*., (1968) ; Beuf et *al*., (1971); Boudjema, (1987); Boote et *al*, (1998); Fekirine et Abdallah (1998) ; Haddoum et *al*., (2001); Carr, 2002; Zazoun, (2001, 2008); Zazoun et Mahdjoub, (2001) ont permis de déterminer les principales unités dont les limites correspondent à un événement majeur et qui sont respectivement, la phase Taconique, la glaciation de l'Ordovicien tardif et la tectonique hercynienne. Néanmoins, deux événements tectoniques ont été mis en évidence à la fin de l'Ordovicien.

Un premier événement extensif est probablement daté fini-caradoc. Cet événement tectonique serait postérieur au dépôt de la formation de In-Tahouite et antérieur au dépôt de la formation glaciaire de Tamadjert ainsi qu'au remplissage des vallées glaciaires.

Un second événement d'âge Ashgillien supérieur (Hirnantien) qui serait en relation avec l'importante glaciation due au changement climatique considérable. Cette période serait probablement synchrone de la phase finitaconique. Ce changement climatique qui a provoqué le développement de planchers glaciaires serait responsable de fractures en gradins, de déformations synsédimentaires et de structures chevauchantes. L'étalement de la formation de Tamadjert, en contexte extensif vers le Nord, se traduit par des directions d'étirement parallèles à la direction d'écoulement.

Par la suite, le dépôt des argiles noires à graptolites et la mise en évidence des intrusions doléritiques à la limite Ordovicien-Silurien, témoignent d'un régime en distension au Silurien.

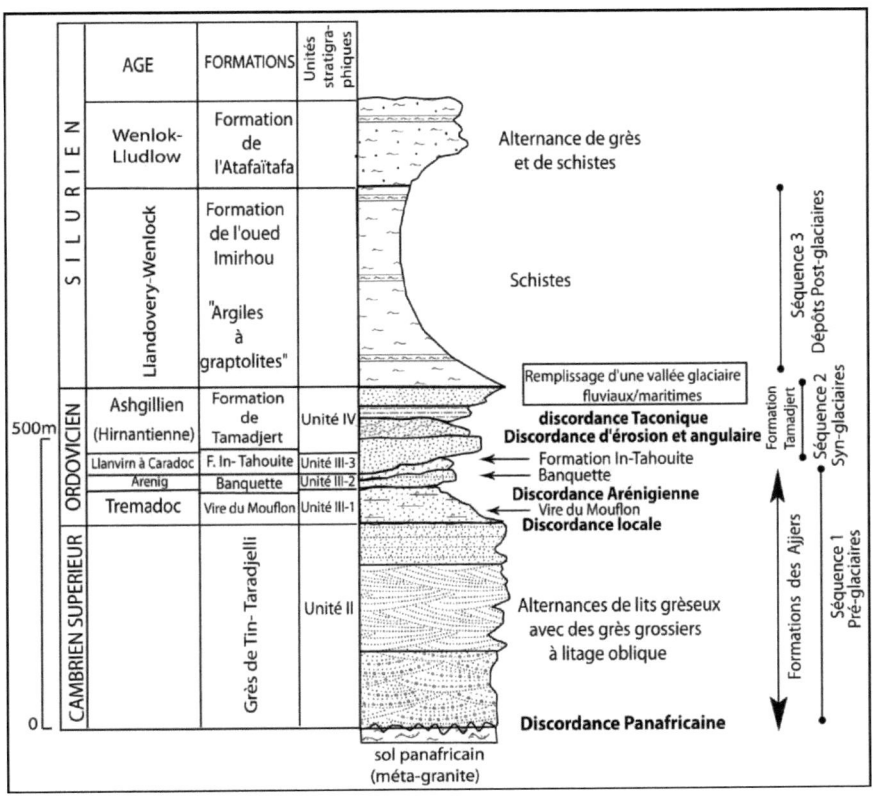

Fig. 6: *Colonne stratigraphique de la base séries sédimentaires paléozoïques du Tassili n'Ajjer (Beuf et al., 1971; Hist et al., 2002; Galeazzi et al., 2010; Zazoun et Mahdjoub, 2011).*

II.5. Le volcanisme.

Le Hoggar est caractérisé par une intense activité volcanique au cours de laquelle se sont mis en place d'importants volumes de laves de type alcalin, alignés selon une direction NE-SW. Ce volcanisme d'âge Eocène supérieur à Quaternaire récent est caractérisé par trois périodes principales (Liégeois et *al.*, 2005).

L'activité de la première période se situe dans le district d'Anahef dont l'âge varie de l'Oligocène au Miocène supérieur. Elle est matérialisée par des basaltes tholéïtiques d'origine fissurale qui sont intrudés par un complexe circulaire subvolcanique.

Une seconde phase volcanique (Miocène) très importante existe dans le district d'Atakor et comporte des basaltes, des trachytes et des phonolites.

Enfin, la dernière phase d'activité s'étale de la fin du Pliocène jusqu'au Quaternaire. Elle se manifeste essentiellement par des basaltes alcalins. En effet, elle est caractérisée par des laves, basanitiques et néphélinitiques dans l'Atakor, recouvrant des terrasses du Paléolithique. Par contre, dans les districts de Tahalra, Manzaz, Egéré et Adrar n'Ajjer, les laves sont plutôt des coulées de basanite et hawaïte.

Actuellement, plusieurs théories se confrontent au sujet de l'interprétation de ce volcanisme. Toutefois, la répartition spatiale et chronologique du magmatisme alcalin, ainsi que les caractéristiques géochimiques traduisent plutôt un volcanisme de type "*point chaud*", à caractère tholéitique à alcalin au lieu d'une remontée de l'asthénosphère qui serait la conséquence d'une délamination de l'ensemble du manteau lithosphérique le long des shear zones profondes réactivées postérieurement au Panafricain (Girod, 1976 ; Dautria, 1988 ; Wyllie, 1988 ; Dautria J.M. et Lesquer, 1989 ; Aït Hamou et Dautria, 1994 ; Aït-Hamou, 2000). Par ailleurs, cette hypothèse a été mise en évidence dans le Tassili n'Ajjer par des travaux géophysiques montrant de fortes anomalies thermiques qui s'étalent le long d'un couloir de direction globale E-W à ENE-WSW, entre Illizi et In Salah (Lesquer, 1990). Ces observations restent compatibles avec les directions mésozoïques existant dans le Hoggar et au niveau de la plate-forme saharienne. En conséquence et suite au réchauffement du manteau, plusieurs épisodes magmatiques, traduisant une longue période d'érosion thermique, ont ainsi pu être identifiés (Kechid et Megartsi, 2005 ; Kechid, 2006 ; Kechid et Megartsi, 2010).

Chapitre III
Géologie de la région de Djanet

Caractéristiques géographiques

III. 1. Situation et caractéristiques géographiques de Djanet

Principale ville de la wilaya d'Illizi et située à l'extrême Sud-est de l'Algérie, **Djanet** est une oasis construite au pied du Tassili, dans une vallée alluviale. Elle est située à environ 2 300 km d'Alger, au milieu du Sahara, non loin de la frontière avec la Libye. Djanet était jadis une agglomération rurale et portait le nom de Fort-Charlet, en souvenir du capitaine Edouard Charlet qui procéda à son occupation en 1911 (Fig.7).

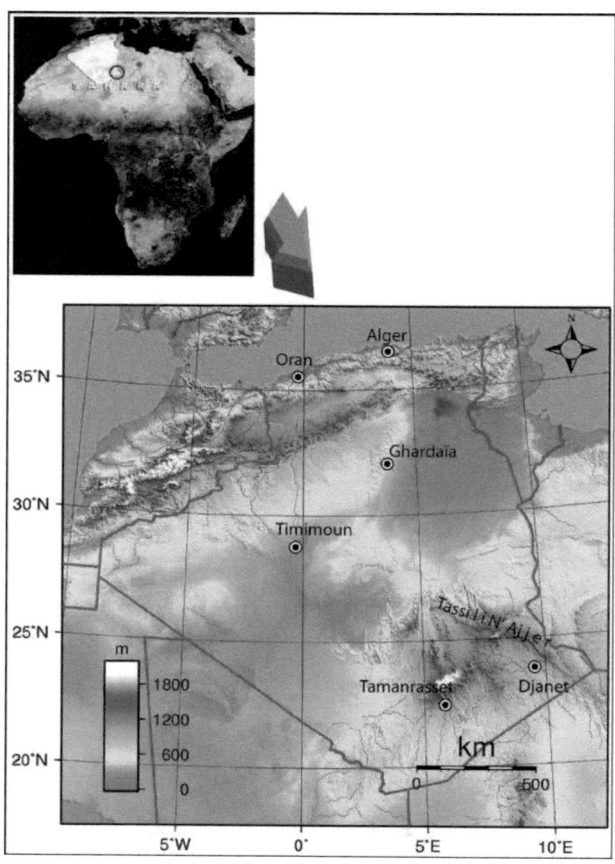

Fig. 7: *Situation géographique de la région de Djanet.*

La région de Djanet est caractérisée par une alternance harmonieuse de dunes, de roches, d'oueds et d'oasis où vivent plusieurs tribus targuies (Fig. 8 A).

Actuellement, rares sont ceux qui parviennent à évoquer cette région du Sud algérien sans associer son nom au tourisme saharien. Cette région est d'une diversité géographique remarquable (on y trouve pratiquement tous les types de désert dans un périmètre assez réduit) et d'une richesse archéologique importante. Elle recèle un nombre considérable de sites touristiques et de monuments historiques répartis sur l'ensemble de la région : gravures, peintures rupestres, oasis, lacs, zones dunaires et palmeraies, architecture locale typique (Fig.8).

Elle est traversée par l'oued Edjériou (signifiant *la mer* en Tamaheq, langue berbère des Touaregs), et était constituée, à l'origine, de trois ksour (Azellouaz, El-Mihane et Adjahil) "suspendus" surplombant l'oued de part et d'autre. Ces ksour, espacés de 2 à 3 km les uns des autres, sont construits sur des collines granitiques, dont **El-Mihane** représente le site le plus ancien (Fig. 8A).

Djanet, capitale du **Tassili** (signifiant *plateau pierreux* en tamaheq, et *Hamada* en arabe), étale sa palmeraie sur 5 km au pied d'une falaise gréseuse du plateau du Tassili N'Ajjer (*plateau des rivières*, en tamaheq) ; ce plateau est situé à 1050 m d'altitude (Fig. 8).

Le **Tassili n'Ajjer ou Tassili n'Azdjer** (mot Azdjer en référence à la tribu qui y habite) est un plateau de grès qui émerge des sables entre l'Algérie et la Libye. Autour et à l'intérieur du plateau se succèdent des falaises abruptes, des gueltas creusées dans les grès ainsi que des canyons étroits et profonds (Fig. 8D), ce qui en rend l'accès difficile ou parfois même impossible.

Peu après avoir quitté l'oasis de Djanet, **Timras** ou **Timghas** (*molaire* en Touareg) est le premier contact avec le désert avec un paysage composé de pitons rocheux entourés de sable (Fig. 8 C).

L'erg Admer prend naissance au centre du Tassili n'Ajjer, se prolonge vers Essendilène puis descend au sud pour rejoindre la grande plaine du Tafassasset et enfin s'arrête dans le Ténéré, au Niger. Il couvre une grande partie des formations, ce qui en rend l'interprétation difficile.

L'érosion donne naissance à des rochers de formes diverses et variées aux allures impressionnantes (Fig. 8 E).

Fig. 8: Les caractéristiques géographiques de la région de Djanet.

A- *Vue générale de la vieille ville de Djanet.*

B- *Gravure sur les grès du Tassili : « les vaches qui pleurent »(In Aghahar).*

C- *Vue panoramique de Timras (Timghas).*

D- *Le canyon d'Issendilène.*

E- *L'éléphant granitique sculpté par l'érosion (Ti n Amali).*

Contexte géologique

Le travail que nous présentons consiste en une étude de la région de Djanet réalisée essentiellement dans le socle. L'inexistence de carte géologique récente nous a amené à en élaborer une, et celle-ci nous a servi de document de base pour notre étude. Nous avons utilisé (1) les méthodes classiques de terrain combinées avec (2) l'application des différents techniques de la télédétection. L'utilisation, seulement, des méthodes classiques (données de terrain et analyse de la photo-interprétation) pour une cartographie géologique reste insuffisante à cause notamment des reliefs importants qui ont rendu l'accès, dans certaines zones, difficile ou parfois même impossible. Par contre, l'imagerie satellitaire à haute résolution spectrale et spatiale nous a même permis d'identifier les différentes unités lithologiques afin d'améliorer notre carte et la rendre relativement plus complète.

A. Analyse des données de terrain

III.2. Situation géologique de la région de Djanet

Située à l'extrémité Nord-est du Hoggar Oriental, la région de Djanet fait partie du domaine de Tafassasset-Djanet. Elle couvre le terrane de Djanet et une partie du terrane de l'Edembo (Black et *al.*, 1994). Le terrane de Djanet est séparé, à l'Ouest de celui de l'Edembo par la Zone de Cisaillement de Ti n Amali (ZCTA) orientée NW-SE (Caby et Anréopoulos-Renaud, 1987; Black et *al.*, 1994) (Fig. 9). Il est surmonté au Nord et à l'Est par les grès paléozoïques cambro-ordoviciens du Tassili n'Ajjer (Beuf et *al.*, 1971).

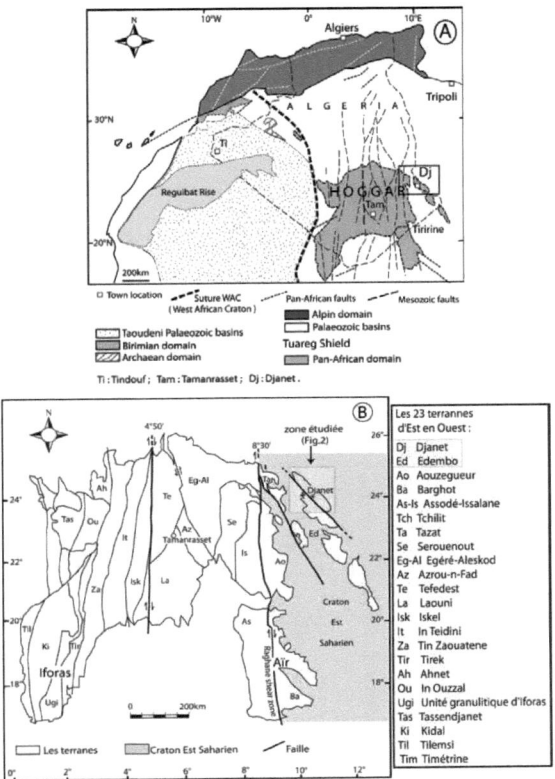

Fig. 9: *Cartes de la situation géologique: (A) du Hoggar, (plongement de la suture vers le Nord, Ennih et Liegeois, 2001); (B) de la région d'étude d'après la carte des terranes du Bouclier Touareg (Black et al., 1994 et Liégeois et al.,2003).*

III.2.1. Contexte géologique

Cette région est formée d'un socle néoprotérozoïque, lui-même constitué de deux ensembles: (1) un ensemble granito-gneissique affleurant dans le terrane de l'Edembo et (2) un ensemble méta-sédimentaire épizonal d'âge néoprotérozoïque (supérieur à 595 Ma) (série de Djanet), recoupé à son tour par des granitoïdes post- orogéniques d'âges variant entre 571±16 Ma et 558±6 Ma (Fezaa, 2010), formant ainsi le terrane de Djanet (Fig.10).

III.2.2. Description des différents ensembles lithologiques

Le socle néoprotérozoïque de la région de Djanet est constitué de deux ensembles: (1) un ensemble granito-gneissique affleurant à l'Ouest (zone de cisaillement de Ti n Amali) et (2) un ensemble méta-sédimentaire épizonal (série de Djanet), lui-même recoupé par des roches magmatiques constituées essentiellement de granitoïdes syn. à post- orogéniques (Fig. 10,11,12).

Fig. 10: Vue panoramique des différents ensembles de la région de Djanet.

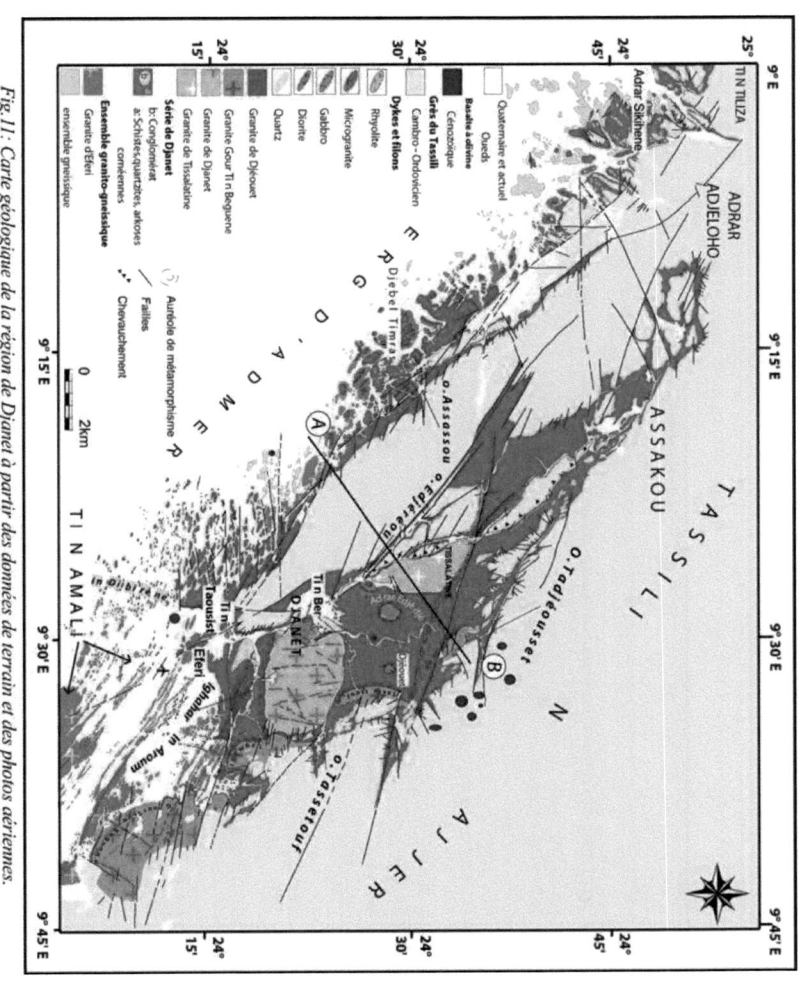

Fig.11: Carte géologique de la région de Djanet à partir des données de terrain et des photos aériennes. la droite (A,B) représente le trait de coupe.

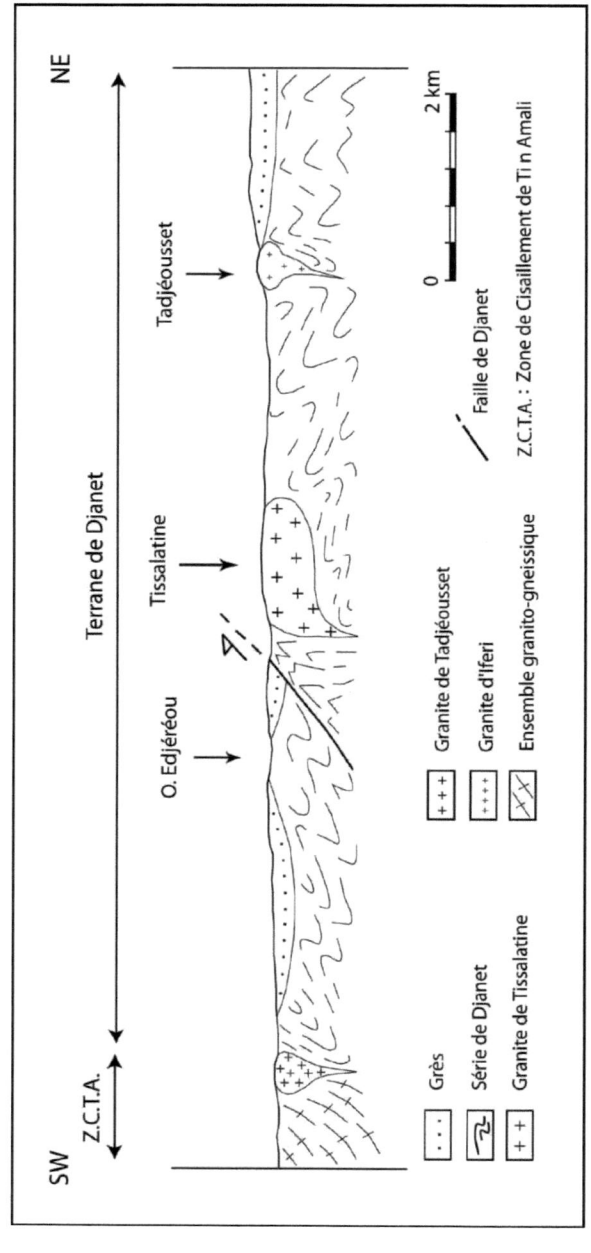

Fig.12: *Coupe géologique de la région de Djanet.*

III.2.2.1. Ensemble granito-gneissique

L'ensemble granito-gneissique correspond à l'ensemble des formations constituant la zone de cisaillement de Tin Amali. Il apparait de manière assez discontinue au Sud et au Sud-ouest de la région étudiée, puis disparait au Nord sous les grès du Tassili ou parfois même sous la série de Djanet. L'ensemble de ces formations se présente sous forme de boules ou de petits dômes, ou encore sous forme de grands massifs. Les dépôts récents du Quaternaire de l'Erg d'Admer occupent de vastes surfaces, masquant ainsi partiellement les relations entre les différentes formations. Par ailleurs, cet ensemble granito-gneissique est en contact tectonique avec la série de Djanet. Cependant, la superposition de cette série sur l'ensemble granito-gneissique au niveau de l'Adrar Sikihène suggère un décro-chevauchement matérialisant le contact majeur de la Zone de Cisaillement Ti n Amali (ZCTA).

Le faciès le plus ancien est représenté par des **gneiss** localement migmatitiques (Fig.13C). Par endroit, ces **gneiss** sont foliés passant à des ultramylonites (Fig.13C, B) et sont parfois recoupés par d'autres générations de granites porphyroïdes.

Le granite à l'Est de l'Erg d'Admer, au pied des basaltes cénozoïques de l'oued Assassou, montre trois faciès différents. Le plus commun est un granite fin porphyroïde à biotite, de teinte sombre. Ce dernier recoupe un granite à gros grain, de teinte claire, riche en quartz et feldspath. Le contact entre les deux granites, généralement horizontal, est franc. (Fig.13 D). Par ailleurs, ces derniers sont recoupés par d'autres granites ne présentant aucune déformation interne qui n'est même pas visible à l'échelle du microscope optique (Fig.12 E).

Dans l'Adrar Sikihène en bordure des dunes de l'Erg d'Admer, on passe progressivement à des migmatites injectées de filons de granitoïdes. Par endroit, les gneiss sont recoupés par des filons de quartz (Fig.13 F).

La migmatisation de la région d'Ouhot au Sud de Ti n Amali, proche de la Zone de Cisaillement (ZCTA), a été datée à 568 ± 4 Ma, U-Pb /zircon (Fezza et *al*., 2010).

Par ailleurs, les gneiss observés sont caractérisés par une texture oeillée ou même rubanée. Ils sont composés essentiellement de plagioclase, de quartz, de biotite partiellement chloritisée et de feldspath potassique.

Le granite le plus représentatif, appelé «**granite d'Eferi**», est du type porphyroïde. Il affleure sur une vaste zone qui s'étend d'Eferi jusqu'à l'Edembo en passant par Ti n Amali au Sud de Djanet. Les affleurements de ce granite porphyroïde, observés à l'Ouest de la région étudiée (oued Assassou) sont recouverts à l'Est par les grès du Tassili. Ces granites ont été datés au Sud de Djanet, à 571 ± 16 Ma, U-Pb /zircon (Fezza, 2010; Fezza et *al*., 2006, 2010) (Fig. 13 G).

Le faciès type d'Eferi est constitué par des granites clairs, porphyroïdes à grains moyens à grossiers. Les biotites et les hornblendes vertes sont souvent associées, surtout dans la partie orientale du massif (Fig.13 H).

Par endroit, le granite porphyroïde d'Eferi peut présenter un faciès plus fin et montrer au Sud-est de Ti n Amali un développement particulier des phénocristaux. Par ailleurs, le granite d'Eferi passe souvent à une granodiorite (Fig.13 E).

Au niveau de l'oued Ighahar Teïni, le granite présente un faciès clair, de couleur rosâtre, à grain moyen et à phénocristaux de feldspath, et essentiellement des orthoses d'environ 5 cm (Fig. 13 I). Ils renferment des enclaves sombres ou micacées de forme ovoïde (Fig. 13 J). Ces enclaves de différentes origines sont de nature et de composition variées (basique, intermédiaire et acide).

De plus, le granite d'Eferi est recoupé par des filons (1 à 10 m environ) de pegmatites, d'aplite (Fig. 13 K) et de quartz laiteux, ainsi que par de nombreux dykes et filons d'épaisseur plurimétrique, formant le complexe filonien de Ti n Amali. Ce réseau filonien est représenté par des microgranites, des microdiorites et des rhyolites. Ces dernières sont datées à 558 ± 6 Ma, U-Pb /zircon (Fezza et *al.*, 2010).

Ces granites porphyroïdes sont constitués de gros grains de plagioclase, de microcline perthitique, de biotites partiellement ou complètement chloritisées et de quelques hornblendes. Souvent, ce plagioclase, renfermant de rares et petites inclusions de myrmékites, de biotite, de chlorite d'épidote et d'oxydes opaques, est parfois légèrement zoné (Fig. 13 L).

Les caractères géochimiques de ces granites montrent un chimisme calco-alcalin hautement potassique. Les caractéristiques texturales et l'évolution minéralogique des enclaves associées à ces granites ont permis de montrer que ces dernières portent la signature d'une source crustale (Fezza, 2010).

Fig. 13: Vues d'ensemble des différentes formations dans l'ensemble granito-gneissique.

A: Les mylonites de schistes.   **B:** Les mylonites de gneiss.

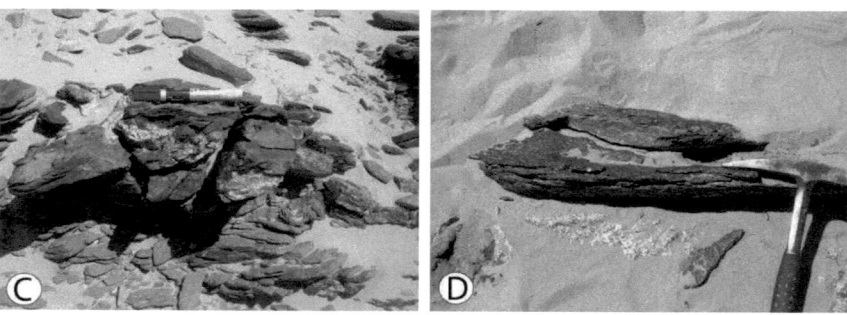

C: Les granites migmatitiques avec les gneiss   **D:** Les gneiss au contact des granites leucocrates

E: Intrusion granitique au sein des gneiss.   **F:** Gneiss recoupés par un filon de quartz.

G: Affleurement du granite d'Eferi.

H: Aspect du granite porphyroïde d'Eferi.

I: Granite rosâtre à biotite.

J: Granite à enclave sombre.

K: Filon d'aplite recoupant les granites.

L: Aspect microscopique du granite d'Iferi.

III.2.2.2. Ensemble sédimentaire

Les formations méta-sédimentaires appelées « **série de Djanet** » couvrent une grande partie des affleurements de la région de Djanet. Elles s'étendent selon une direction globale de NW-SE. La série de Djanet est constituée essentiellement de schistes, de silts et pélites variées avec des intercalations lenticulaires de quartzites, de conglomérats, de microconglomérats et d'arkoses. Elle est caractérisée par la prédominance de schistes et de pélites quartzitiques peu métamorphisés dans le faciès schistes verts (Fig.14). L'existence de certaines formations telle que la présence des arkoses a démontré que la maturité du sédiment est faible.

Les schistes décrits plus haut sont caractérisés par une alternance rythmique (d'origine sédimentaire) de lits micacés et de lits quartzeux (Fig.14 D). Cette série présente des passées détritiques à grains fins, d'ordre centimétrique à métrique.

Les pélites quartzitiques se présentent sous forme de bancs relativement sombres et caractérisés par une structure massive ou stratifiée. Elles sont constituées essentiellement de grains de quartz partiellement recristallisés et assez pauvres en minéraux micacés (Fig. 19 A).

Fig.14: Les différents faciès de la série de Djanet à l'échelle de l'affleurement.

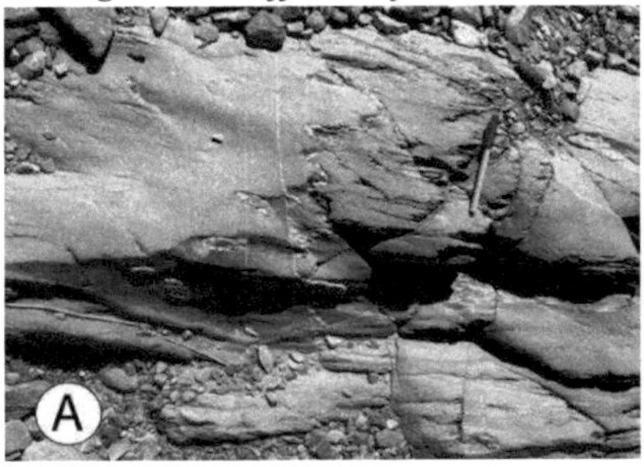

A: Pélites.

B: Schistes.

C: Quartzites.

D: Alternance des schistes et des quartzites.

E: Aspect des conglomérats.

F: Schistes à andalousites.

G: Schistes tachetés.

Par endroit, les faciès deviennent conglomératiques et même microconglomératiques, caractérisés par des galets de quartz roulés et étirés, dans un ciment détritique micacé souvent riche en oxyde de fer (Fig. 15 E). Ces formations alternent avec des niveaux de quartziques renfermant parfois des épidotes ou des micas.

Au Sud du granite de Djanet, au niveau de l'oued Ighahar I n Aroum, les formations schisteuses renferment des niveaux conglomératiques qui apparaissent sous forme d'une bande d'environ 300 mètres d'épaisseur. Ces conglomérats intra-formationnels sont caractérisés par de gros galets parfois jointifs, ronds, ovales ou souvent lenticulaires et emballés dans une matrice fine d'argile et de silts. Les galets de quartz et de quartzite sont relativement rares ou même absents (Fig. 15 F).

Par ailleurs, au contact des intrusions magmatiques, les formations schisteuses présentent un métamorphisme de contact développant des auréoles de cornéennes ou de schistes tachetés à andalousites de faible épaisseur. Enfin, on peut noter la présence de plis ptygmatitiques dûs à la fusion in situ.

Ces formations sont constituées essentiellement de petits cristaux de quartz, de biotite, de séricite et de chlorite. Les minéraux accessoires sont le zircon, l'apatite, l'épidote et le sphène. Dans les schistes tachetés, en plus de ces minéraux, on note la présence d'andalousite, partiellement ou complètement transformée en séricite (Fig. 19 B).

Fig. 15: Vues panoramiques des conglomérats au sein de la série de Djanet.

A: Contact des conglomérats avec les formations pélitiques.

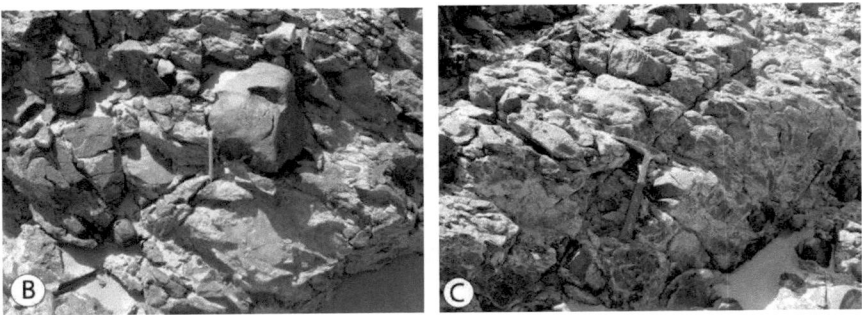

B: Forme arrondie des galets.   *C:* Forme lenticulaire des galets.

Les structures sédimentaires les plus courantes de cette série sont, d'une part la présence de slumps, de granoclassement, de répétition rythmique, de stratification oblique, de ripples marks et de stratification entrecroisée montrant une légère ondulation symétrique marquée et une présence de galets « lentilles » argileux. D'autre part, la prédominance de dépôts très fins témoignent du caractère flyschoïde de la série de Djanet et d'un dépôt en contexte fluviatile (Zekiri-Nemmour et al., 2006), (Fig. 16). Par endroit, des traces d'organismes tel que les vers ont été observés sur les plans de stratification (Fig. 16E).

Par ailleurs, la nature de ces faciès et leur étude pétrographique, ainsi que la forme et la taille des grains, montrent que les formations de la série de Djanet proviennent d'un sédiment immature.

La série de Djanet a été attribuée à une formation néoprotérozoïque (Pharusien) par Fabre (1976). Des datations récentes effectuées sur des populations de zircons des conglomérats de la série de Djanet (méthode $^{207}Pb/^{206}Pb$) ont donné des âges paléoprotérozoïques 1914,1892 Ma et néoprotérozoïques de l'ordre de 710, 650, 595 Ma (Fezaa, 2010). Ces résultats impliquent un âge plus récent que 595 Ma de la sédimentation de la série de Djanet.

Fig.16 : Le caractère flyschoïde de la série de Djanet.

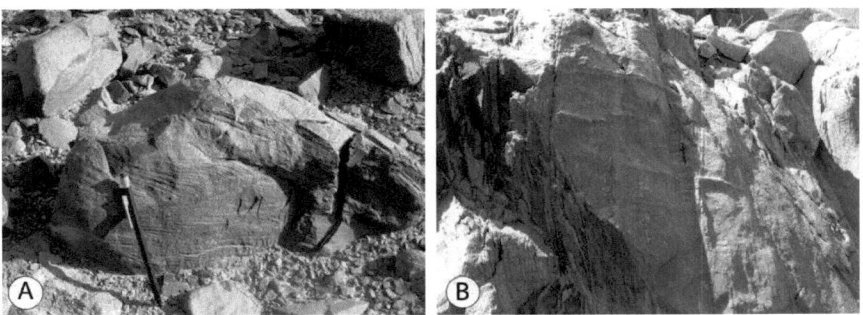

A: *Slumps.*   **B:** *Granoclassement.*

C: *Stratification entrecroisée légèrement ondulée.*   **D:** *Stratification entrecroisée montrant une légère ondulation symétrique.*

E: *Présence de traces de vers dans les quartzites.*

III.2.2.3. Le magmatisme

La série de Djanet est intrudée par plusieurs générations magmatiques tardives formant des massifs granitiques de forme et de taille très variées. En raison d'une datation géochronologique seulement partielle de ces massifs, nous procéderons à un classement en fonction de leur forme et de leur taille.

III.2.2.3.1. Le granite de Tissalatine

Le granite de Tissalatine s'étend sur une dizaine de kilomètres au Nord de Djanet. Il est recouvert à l'Ouest par les grès du Tassili et présente, à l'Ouest, un contact tectonique avec les formations schisteuses de la série de Djanet. Ce granite présente une forme en goutte, suggérant une mise en place le long de la faille de Djanet, dans un contexte décrochant senestre.

Le granite de Tissalatine (granite à flanc lisse), est un granite clair, à grain grossier riche en feldspath, en micas et en quartz (Fig.17A). Il est caractérisé par la présence de nombreuses enclaves microgrenues sombres et d'épidote sous forme de placage ou de petits filons d'ordre centimétrique. Cependant, de manière générale, ces granites à deux micas, très fracturés, avec prédominance de muscovite, forment deux familles de diaclases.

Au Nord du massif, ce granite à phénocristaux de plagioclase est recoupé par des pegmatites à grains moyens à grossiers et par des petits filons centimétriques d'aplite ainsi que par des petits massifs basiques de diorites (Fig. 17B, C, D). Par endroit, ces amas de pegmatites sont riches en minéraux noirs et présentent des structures graphiques (Fig. 17) indiquant ainsi une fusion locale « in situ ».

Au Sud, au niveau de Kanafar, ce granite clair de couleur rosâtre, à grain moyen à grossier parfois porphyroïde, renferme une lentille de granite sombre, à gros grain, riche en micas noirs (Fig. 19D), schistosée, d'environ 20 m de large et orientée NNW (Fig. 17E, F).

Ce granite présente une texture grenue à tendance monzonitique; il est composé de plagioclase automorphe zoné (entourés par des cristaux de quartz), de microcline perthitique, de biotite et d' hornblende verte. Les caractéristiques géochimiques de ce granite montrent un chimisme calco-alcalin (Ouamerali et Djebari, 2002).

Dans la partie septentrionale, ce granite et son encaissant schisteux de la série de Djanet sont recoupés par des filons de gabbro suivant une direction globale NW-SE à WNW-ESE. Les limites de ces filons, boudinés dans la série, sont concordantes à la schistosité; ceci indique que leur mise en place est antérieure ou synchrone à la déformation de la série de Djanet.
Actuellement, aucune datation n'a encore été réalisée sur ce granite.

Fig. 17: Les variétés granitiques de Tisssalatine.

A: Vue d'ensemble du granite de Tissalatine.   *B : Granite recoupé par des pegmatites.*

C : Intercalation de l'aplite dans les granites.   *D : Diorite et aplite.*

E: Structure graphique au sein d'une pegmatite. F: Lentille de granite à biotite dans un granite rose.

III.2.2.3.2. Le granite de Djanet

Le granite de Djanet affleure au centre ville de Djanet, et prend la forme d'un grand massif. Il s'étend sur une quinzaine de kilomètres en E-W et d'environ 5 kilomètres en N-S. Il est limité par le Tassili qui le couvre à l'Ouest, par le granite de Tagment à l'Est et par l'oued Tassetouf qui masque son contact avec le granite de Tassetouf au Nord. Au Sud, ce granite montre des contacts intrusifs avec la série épizonale de Djanet où il développe une auréole de métamorphisme de contact très réduite (à peine quelques mètres), matérialisée par des cornéennes et des schistes tachetés à andalousites (Fig. 18). Par endroits, il renferme des enclaves microgrenues sombres (EMS) d'ordre centimétrique. L'ensemble de ces granites est sillonné d'aplite et de pegmatite d'ordre métrique. Enfin, des dykes de microgranites le traversent. A l'heure actuelle, ce massif n'a encore fait l'objet d'aucune datation.

Le granite de Djanet est assez homogène, de couleur claire et à grain moyen à tendance porphyroïde. Il est riche en biotites associées à de rares baguettes d'amphiboles. Ce granite est aussi caractérisé par l'abondance de phénocristaux de microcline perthitique, de plagioclase légèrement séritisé, de quartz à extinction roulante. On note également la présence de myrmékite.

Fig.18: Les différentes variétés des massifs granitiques de la région de Djanet.

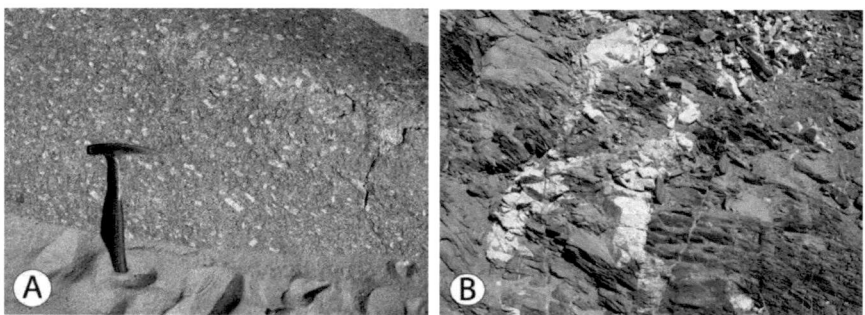

A: *Granite à phénocristaux au Nord de Djanet.* **B:** *Granite blanc recoupe la série de djanet.*

C: *Granite blanc à grenat.*  **D :** *Granite à enclave.*

E: *Auréole de métamorphisme autour du granite.* **F:** *Granites et aplites entourés de pélites.*

Fig. 19: Les différents faciès dans la région de Djanet à l'échelle microscopique.

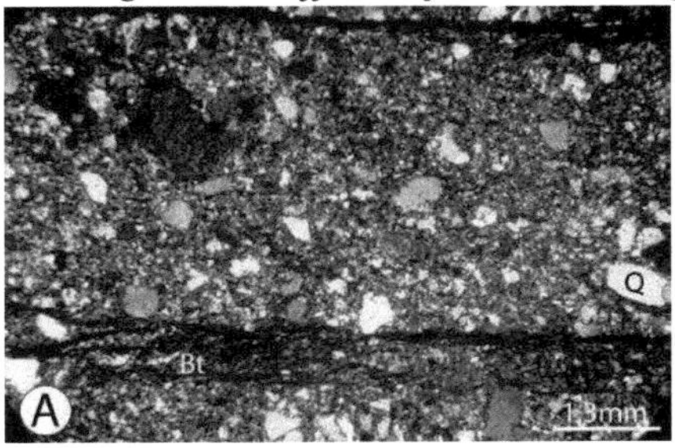

A : *Schistes quartzitiques en LPA.*

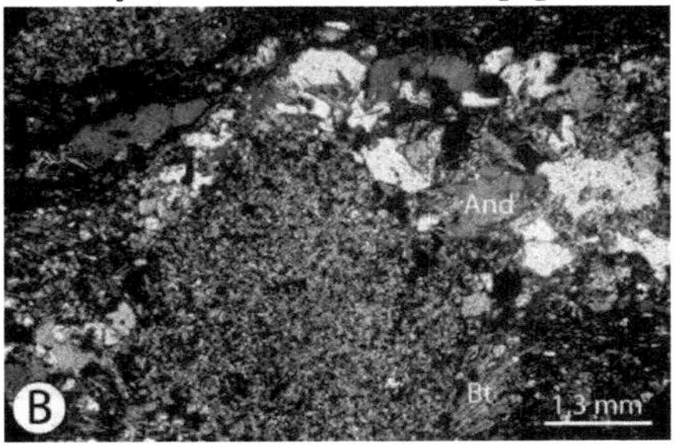

B : *Schistes tachetés à andalousites en LPA.*

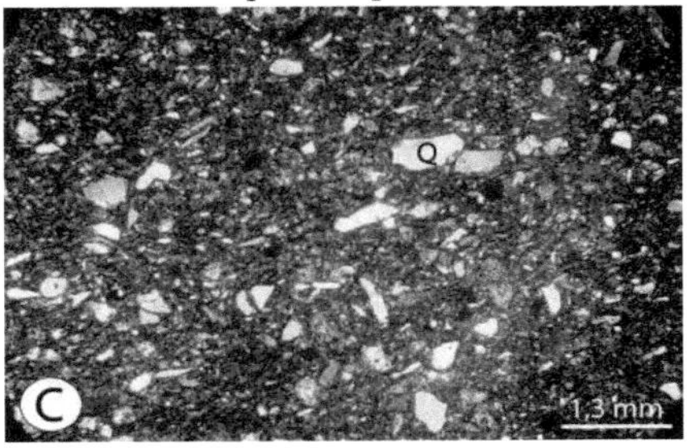

C : *Conglomérat en LPA.*

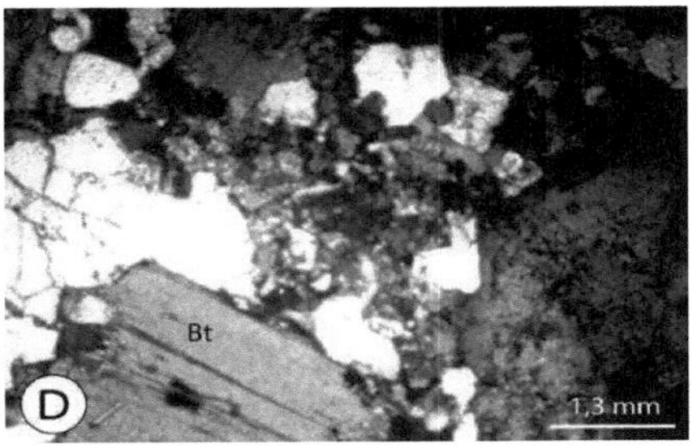

D : *Granite à biotite en LPA.*

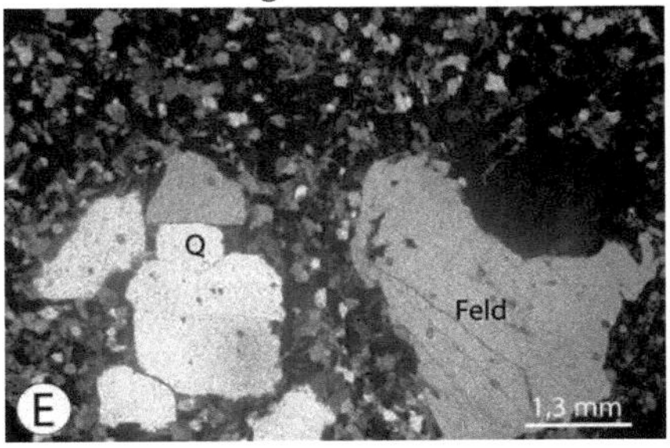

E : *Granodiorite en LPA.*

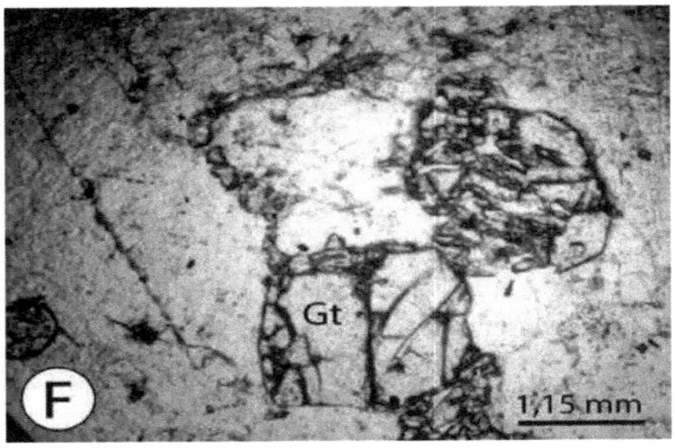

F : *Granite leucocrate à grenat en LN.*

G: *Greisen en LPA*

H: *Aplite en LPA.*

III.2.2.3.3. Les granites de Gour Ti n Beguene, de Tagment, de Tassettouf et de Tadjouisset

Les granites de Gour Ti n Beguene (granite de Tin Bedjene, Fezza, 2010; Fezza et *al.*, 2006), de Tagment, de Tassettouf et de Tadjouisset sont caractérisés par une forme subcirculaire masquée à l'Est par les formations du Tassili. En l'absence de datation, la forme de ces plutons et leurs relations structurales avec leur encaissant, la série de Djanet, suggèrent le même âge que le pluton de Gour Ti n Beguene. Ce dernier recoupe les granites d'Eferi et a été daté à 568$\pm$5 Ma par la méthode U-Pb sur zircon (Fezza, 2010 ; Fezza et *al.*, 2010). De nombreux filons de microgranite de directions variables traversent le massif. Les caractéristiques géochimiques de ces granites montrent un chimisme calco-alcalin hautement potassique (Fezza, 2010). La mise en place des granites de Gour Ti n Beguene serait contemporaine de la migmatisation datée à 568$\pm$4 Ma, U-Pb/zircon dans le terrane de l'Edembo.

A . Le massif subcirculaire de Gour Ti n Beguene.

Le granite de Gour Ti n Beguene se situe à une vingtaine de kilomètres au sud de Djanet. Ses reliefs importants culminent à 1598 mètres. Ce granite montre un faciès homogène à tendance porphyroïde de couleur claire. Il présente une texture monzonitique grenue riche en quartz xénomorphe à extinction ondulante, en plagioclase automorphe, avec une abondance de myrmékite, et en microcline perthitique. Ce granite est pauvre en biotite, celle-ci se présentant sous forme de petites paillettes partiellement ou complètement chloritisées.

Les caractéristiques géochimiques de ces granites montrent une affinité calco-alcaline hautement potassique (Fezza, 2010).

B. Le granite de Tassetouf.

Le granite de Tassetouf affleure au pied du Tassili de Tamrit, entre le granite de Tadjouisset et celui de Tagment. Ce granite est un faciès grossier clair, de couleur rosâtre. En bordure du massif, la roche est plus fine avec des phénocristaux de feldspath et de quartz globuleux. Ce granite est caractérisé par une texture grenue. Il renferme du quartz, du plagioclase automorphe avec de la myrmékite, du microcline xénomorphe perthitique ainsi que des lamelles de biotite partiellement ou complètement altérée en chlorite.

C. Le granite de Tadjouisset.

Le granite de Tadjouisset situé au Nord de Djanet est un granite à tendance porphyroïde, de couleur assez claire, recoupé par des filons d'aplite et de pegmatite à tourmaline. Il est composé essentiellement de quartz, de plagioclases automorphes zonés, d'orthoses finement perthitiques et poecilitiques, de biotites partiellement ou complètement chloritisées et des hornblendes vertes. Ce granite est entouré par une zone étroite de schistes tachetés à andalousites et de cornéennes ayant la forme d'auréole due au métamorphisme de contact. Au Sud-est du massif, on remarque la présence d'un sill de gabbro cataclasé et concordant avec les schistes.

III.2.2.3.4. Les granites de Djéouet, d'Edjédjé, d'Edjériou et de Tin Ber.

Les granites de Djéouet, d'Edjédjé, d'Edjériou et de Tin Ber se présentent sous forme de petits massifs circulaires de dimensions inférieures à deux kilomètres. L'ensemble de ces granites circulaires forme des massifs isolés dans l'encaissant peu métamorphique. À l'Est de Tissalatine se trouve le petit massif d'Edjédjé, et au Sud-est, le granite d'Edjériou; la coupole de Djéouet est située au Nord de Djanet et le pluton de Tin Ber au centre ville. Ce dernier recoupe le granite de Djanet.

Seul le granite de Djéouet « Djilouet » a fait l'objet de travaux préliminaires (O.R.G.M, 1978 ; Oulebsir, 2009).

Pour la majorité de ces massifs, le contact avec l'encaissant est très net. Il est matérialisé par de grands accidents de direction Nord-ouest. Par ailleurs, ces accidents s'avèrent être ceux qui contrôlent la mise en place des minéralisations de la région. Cependant, les formations de la série de Djanet qui entourent chacun de ces massifs développent une étroite auréole de métamorphisme de contact formée de cornéennes et de schistes tachetés à andalousites.

A. La coupole granitique de Djéouet

La coupole granitique de Djéouet est la plus petite parmi les trois autres plutons granitiques. Elle a fait l'objet d'une étude pétrographique et géochimique relativement détaillée (Oulebsir, 2009) en raison de la minéralisation de la cassitérite et de la wolframite essentiellement. Cette minéralisation accompagne les filons de quartz qui recoupent ce granite lors de sa mise en place.

La massif granitique de Djéouet est constituée de granites leucocrates variés. La partie centrale est occupée par un granite blanchâtre, à gros grains porphyroïdes à deux micas. Cette partie est bordée d'un granite rose à grains moyens à micas blancs. Dans le Nord-est du massif affleure un granite fin à grenat (Fig. 18F); la partie située à l'extrémité de l'intrusion est composée d'un granite fin faiblement porphyroïde à quartz fumé arrondi.

L'ensemble du massif est recoupé par des dykes, des filons d'aplite et de pegmatites ainsi que quelques filonnets de microgranite clair. De plus, on remarque l'apparition de greïsens qui sont bien développés aux niveaux des cassures (Fig. 18G). La formation de ces greïsens qui sont caractérisés par le quartz, la muscovite et la fluorite, est due aux phénomènes hydrothermaux à haute température provoqués par la circulation de fluides acides. Ainsi cette circulation de fluides acides a conduit à la concentration de la minéralisation à wolframite (W) et cassitérite (Sn) au niveau des filons de quartz qui recoupent le massif de Djéouet (Oulebsir et Kesraoui, 2006; Oulebsir et *al.*, 2008, 2010).

Le granite de Djéouet présente une texture grenue, formée de grandes plages automorphes de plagioclases avec myrmékite parfois zonées, entourées de quartz, de microcline perthitique, de biotite et parfois de hornblende verte.

Le microgranite a une texture microgrenue porphyrique; il est constitué de phénocristaux de quartz, de microcline perthitique, de plagioclase séricitisé avec myrmékite et de très peu de biotite partiellement chloritisée. La muscovite apparait sous forme de petites paillettes. Comme minéraux accessoires, on note la présence de zircon, d'apatite et d'autres minéraux opaques.

Comme le granite de Djéouet (sursaturé en silice, aluminium et enrichi en alcalins), ces leucogranites alumineux présentent une affinité calco-alcaline fortement potassique et une minéralisation spécifique (Sn-W) correspondent donc aux massifs les plus tardifs. Par conséquent, ils peuvent être assimilés aux granites "Taourirt", les plus évolués du centre et de l'Ouest du Hoggar, qui se mettent en place à la fin de l'orogenèse panafricaine lors des réactivations des grandes failles lithosphériques (Boissonnas, 1973; Bonin et *al.*, 1998 ; Boulfelfel et Ouabadi, 1999; Boulfelfel, 2000; Azzouni, 1989; Azzouni et *al.*, 1998, 2003).

B. Le granite d'Edjédjé

Le granite d'Edjédjé est une roche massive à grain fin à moyen, riche en biotite et pauvre en quartz. Ce granite est constitué de plagioclase automorphe légèrement séritisé et zoné, de microcline perthitique, de biotite en quantité assez abondante, d'amphibole et enfin de quartz.

C. Le granite d'Edjériou

Le granite d'Edjériou est un granite grossier renfermant des enclaves de roches sombres. Il est formé de plagioclase zoné souvent séritisé, de quartz à extinction ondulante, de microcline légèrement perthitique et de biotite.

D. Le granite de Tin Ber

Le granite de Tin Ber est un granite fin à biotite. Ce granite est composé essentiellement de plagioclase, de quartz, de feldspath potassique et de biotite.

III.2.2.4. Le complexe filonien de Ti n Amali.

Un réseau très dense de dykes et de filons de roches porphyriques (microgranites, diorites et rhyolites), de tailles et de directions variables, forme le complexe filonien de Ti n Amali. Il recoupe l'ensemble des granites de Djanet, d'Eferi et de Gour Ti n Beguene. Ce complexe filonien s'étend de l'oued In Débirène à Ti n Amali et se prolonge jusqu' à l'Edembo (Fig. 20A).
L'ensemble de ces caractéristiques témoignent des différentes étapes de l'évolution magmatique et tardi magmatique.

Seuls les filons rhyolitiques de la région de Ti n Amali, orientés approximativement NW-SE, ont été datés. Les âges obtenus (558±6 Ma, U-Pb zircon) semblent correspondre aux derniers évènements magmatiques de la région (Fezaa 2010 ; Fezaa, et *al.*, 2010).

A. Les rhyolites

Les rhyolites sont des roches compactes ou fluidales, de couleur rose ou gris clair, riches en phénocristaux de quartz et de feldspath. Par endroit, elles renferment des enclaves d'ordre millimétrique (Fig. 20B).

Les rhyolites grises présentent une texture porphyrique à phénocristaux de plagioclase zoné et d'orthose altérée ; elles sont riches en petits cristaux de quartz et en sphérolites de chlorite. Quant aux rhyolites quartzitiques roses, elles sont riches en petits cristaux de quartz et en phénocristaux de plagioclase avec de la myrmékite ; elles contiennent de gros cristaux de quartz rhyolitique.

La géochimie de ces roches montre leur appartenance aux séries calco-alcalines fortement potassiques.

B. Les microgranites

Les microgranites sont des roches claires à grains fins riches en amphiboles avec mésostase très réduite.

Par ailleurs, nous avons constaté une énorme variation de faciès entre les microgranites et les microdiorites d'un filon à l'autre ou parfois le long d'un même filon.

Fig. 20: Complexe filonien de Ti n Amali.

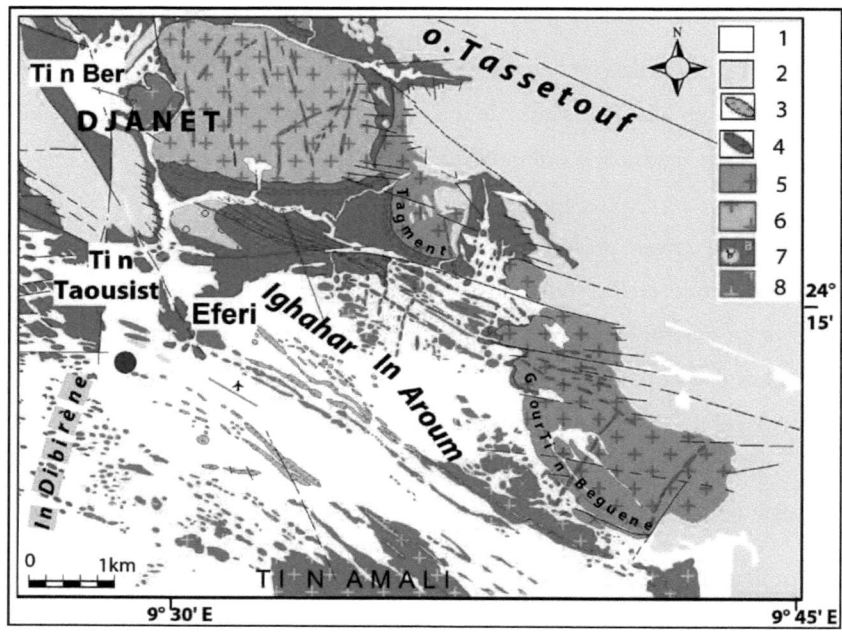

A: Schéma géologique du complexe filonien de Ti n Amali.
(1) Quaternaire, actuel ou oueds; (2) grès Cambro-Ordovicien du Tassili; (3) rhyolites;
(4) microgranites ; (5) granites Gour Ti n Beguene ;(6) granite de Djanet ;
(7) série de Djanet Néoprotérozoïque ; (8) granite d'Iferi.

B: Les différentes variétés des filons rhyolitiques de Ti n Amali.

a: *Vue d'ensembles des rhyolites.*   b: *Rhyolite rose.*

 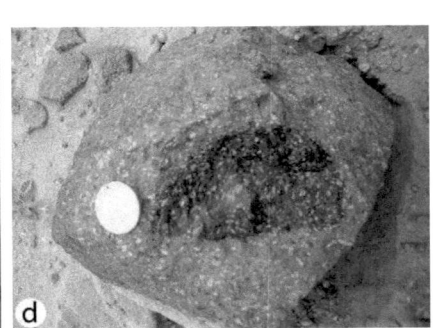

c: *Rhyolite grise.*   d : *Rhyolite rose à enclave.*

 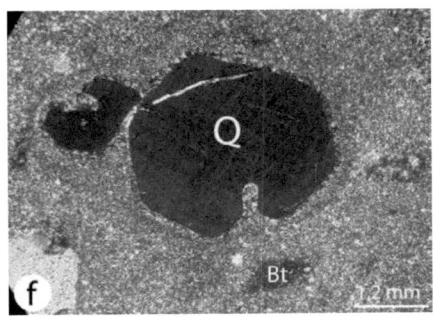

e : *Rhyolite rosâtre à texture microlitique.*   f : *Vue d'une Ryholite en LPA.*

C. Les diorites et les dolérites

Les diorites et les dolérites se présentent sous forme de petits amas ou de filons basiques et sont caractérisées par une structure massive. Elles sont composées essentiellement de plagioclases, de hornblendes et de biotites partiellement ou complètement chloritisées ainsi que de minéraux accessoires tels que l'apatite et le sphène.

D. Les gabbros

Les gabbros sont de petits filons ou dykes qui recoupent les formations néoprotérozoïques. Ce sont des roches sombres et denses qui sont caractérisées par une structure grenue massive. Ils sont composés de plagioclase, de biotite, de pyroxène et d'hornblende avec prédominance de pyroxène.

E. Les filons aplo-pegmatites

Les filons aplo-pegmatites recoupent tous les massifs granitiques. Ce sont des filonnets de taille variable, centimétrique à métrique. Les pegmatites renferment souvent de la tourmaline.

F. Les filons de quartz

Les filons de quartz, dont les dimensions peuvent varier du petit filonnet centimétrique à l'amas filonien plurimétrique d'une longueur de 1 à 10 m en moyenne, sont très répandus dans la région.

Par endroit, essentiellement au Nord de la région, les filons de quartz sont porteurs de la minéralisation précédemment signalée.

III.2.2.5. Les grès du Tassili ou Paléozoïque

Les dépôts paléozoïques, connus sous le nom de grès du Tassili N'Ajjer, couvrent presque la moitié de la zone étudiée. Ils occupent ainsi la partie Nord-est de la feuille de Djanet avec des altitudes de 1200 à 1800 m en moyenne. Cette couverture sédimentaire est discordante en partie sur les formations précédentes. Elle est représentée par des dépôts continentaux du Cambro-ordovicien qui sont formés essentiellement de grès et de conglomérats à petits galets avec des passées très rares d'argiles. Localement, les grès du Tassili présentent à leur base des passées de conglomérats ferrugineux. En général, ces grès se présentent sous forme de bancs et sont caractérisés par une stratification sub-horizontale vers le NE (Fig. 21B). Parfois, ces grès du Paléozoïque présentent une stratification subhorizontale avec des formes en chenaux (Fig. 21C). Par endroit, le Tassili est également constitué de grès hétérogranulaires à stratification oblique avec des alternances de grès à gros grains (Fig. 21D).

Au niveau de la palmeraie, les dépôts gréseux sont représentés de la base au sommet essentiellement par des alternances de grès fins quartzitiques parfois argileux et s'achèvent, vers le sommet, par des grès fins à moyens parfois grossiers siliceux et des grès moyens à grossiers quartzitiques mal classés (Fig. 21A).

Fig. 21: Les grès du Tassili n Ajjer dans la région de Djanet.

A : Bancs gréseux au sommet et niveaux argileux à la base.

B: Bancs gréseux du Tassili.   *C : Chenaux dans les grès du Tassili.*

B : Granoclassement dans les grès.   *C : Stratification oblique dans les grès.*

III.2.2.6. Volcanisme

Dans la région de Djanet, le volcanisme est matérialisé par quelques appareils volcaniques et coulées basaltiques et phonolitiques assez préservés.

Ces volcans existent uniquement au Sud-ouest où ils traversent l'ensemble granito-gneissique. Un petit volcan apparait au niveau d'Eferi, plus exactement à Ti n Taousist (Fig. 22A) , et un autre au Sud de l'oued Assassou (Fig. 22C).
Le petit volcan basaltique est associé à une source d'eau minérale sulfureuse. Au Nord-est de Djanet, de petites coulées basaltiques subsistent au sein du Tassili n Ajjer.

De petites cheminées basaltiques percent, au Nord de la feuille, le Tassili n Ajjer. Cependant, les volcans affleurent beaucoup plus vers le Nord où se présente un énorme développement volcanique sur les grès du Tassili.

Ces cônes volcaniques isolés de la région de Djanet représentent l'événement le plus récent. Ils sont d'âge cénozoïque (in Liégeois et *al.*, 2005).

Ces petits volcans sont représentés par des basaltes à olivine. Ces roches massives, noires à phénocristaux d'olivine et de pyroxène, sont caractérisées par des textures microlitiques pauvres en silice et renferment des feldspath calco-sodiques (plagioclase), des micas, essentiellement des biotites, du pyroxène et de l'olivine (Fig. 22D) .

Fig. 22: Le volcanisme dans la région de Djanet.

A: Volcan de Ti n Taousist.   *B: Basaltes de Ti n Taousist.*

C: Petit volcan à l'ouest d' oued Assassou.   *D: Cendre au niveau du petit volcan.*

 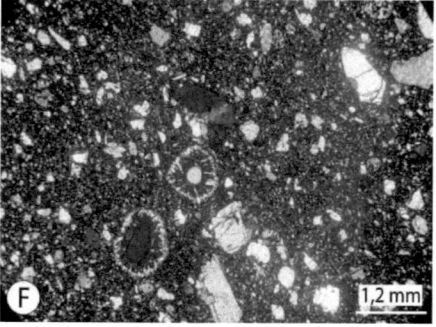

E : Aspect du basalte à olivine.   *D : Basalte à hornblende en L.P.A.*

A. *Cartographie des unités géologiques par télédétection*

III.2.3. Principe de la méthode

Le principal objectif de cette étude est de cartographier les différentes formations par l'imagerie satellitaire. Le traitement de l'image de la zone d'étude, extraite de deux mosaïques, a porté sur la recherche de traitements spécifiques permettant une discrimination lithologique maximale. Ainsi, l'identification des ensembles lithologiques de la région de Djanet a été réalisée grâce à l'analyse en composantes principales sélectives, aux rapports de bandes, aux différentes compositions colorées réalisées à partir des néobandes générées et de certaines bandes ETM+.

Ces techniques s'avèrent très performantes dans les zones arides. Certains travaux similaires ont déjà été réalisés dans d'autres régions du Hoggar, en particulier dans le Hoggar occidental (Djemai, 2008 ; et Djemai et *al*., 2009; Hammad, 2008; Hammad et *al*., 2009; et Brahimi, 2011) et dans le Hoggar Central (Guergour et Amri, 2009; Amri, 2011; Amri et *al*., 2011).

III.2.4. Matériel et méthodes

III.2.4.1. Données utilisées

Les images qui nous ont servi de base pour cette étude sont : Landsat 7ETM+, qui sont géoréférencées en UTM-32-N, WGS 84 ; Scènes 190-043 et 189-043, acquises le 29 novembre 2000 en pleine saison sèche. Cette période est caractérisée par une quasi absence de nuages, ce qui est favorable à une bonne visibilité pour les capteurs. La région d'étude a un climat aride dû à l'absence de couvert végétal, sauf au niveau de la ville de Djanet où existe une oasis assez importante (Fig. 23).

Ces images satellitaires Landsat 7 ETM+, à haute résolution, choisies en raison de la diversité des capteurs satellitaires et de leurs caractéristiques techniques (résolutions spatiale et spectrale) permettent de disposer d'informations complémentaires (Sabins, 1987), nécessaires pour une bonne cartographie détaillée.

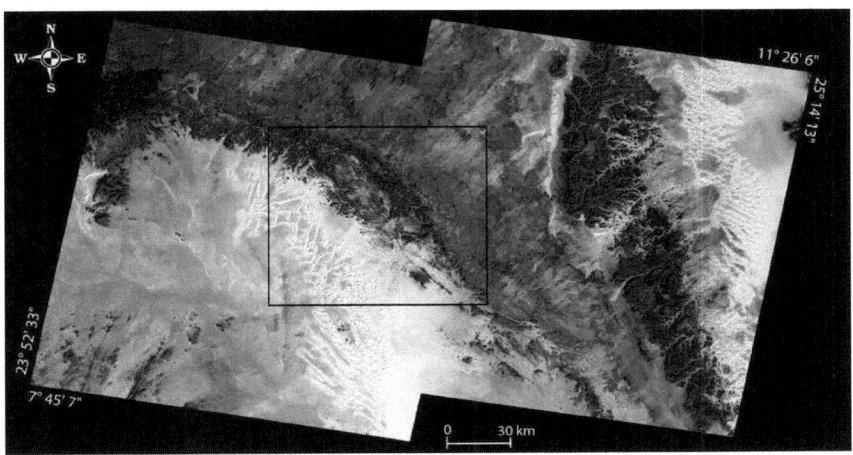

Fig. 23: Mosaïque des deux Scènes 190-043 et 189-043 en composition colorée 742. Le rectangle noir indique la zone traitée.

III.2.4.2. Prétraitements des images

Les images ETM+ utilisées apparaissent sans bruit radiométrique majeur et ne nécessitent donc pas des traitements importants. Seule l'atténuation des effets d'ombrage liés au relief a été réalisée grâce aux rapports de bandes.

III.2.4.3. Analyse et interprétation des résultats

Les différentes compositions colorées des bandes brutes ou transformées sont utilisées pour faire ressortir les unités homogènes en vue d'interpréter la lithologie de la région de Djanet. Tous les traitements d'image ont été effectués sur des fenêtres de dimension réduite pour préciser les détails manquant sur la carte, en particulier dans les zones inaccessibles. Par ailleurs, à partir de neuf néo-bandes provenant des rapports de bandes, ETM+3 / ETM+1, ETM+5 / ETM+4, ETM+7 / ETM+5, ETM+5 / ETM+3, ETM+3 / ETM+2, ETM+7 / ETM+4 , ETM+5 / ETM+7, ETM+2 / ETM+1, ETM+4 / ETM+2 , quatre compositions colorées en RVB ont été réalisées. Ces compositions colorées ont la particularité de faire ressortir les différents contours et permettent d'obtenir une discrimination lithologique maximale intéressante.

En effet, le premier type de traitement en composition colorée des trois néo-bandes ETM+ 3 / ETM+1, ETM+5 / ETM+4, ETM+7 / ETM+5 a été appliqué dans deux régions distinctes (position et dimension). Ce traitement fait bien ressortir tous les massifs granitiques intrusifs dans la série de Djanet :

(1) dans l'ensemble de la zone au Nord de la ville de Djanet, on retrouve aisément le contour de tous les granites de la région (teinte violacée). Les formations de la série de Djanet (en orange) sont distinctes des formations du paléozoïques du Tassili n Ajjer (en bleu). Les filons de diorite sont fortement colorés en marron foncé, alors que les filons de gabbro apparaissent en mauve (Fig. 24).

(2) au Sud de Djanet, les granites de Gour Ti n Beguene apparaissent avec une teinte bleutée alors que les grès du Tassili sont en bleu clair et la série de Djanet en vert (Fig. 25).

Le deuxième type de traitement des trois néo-bandes ETM+5 / ETM+3, ETM+3 / ETM+2, ETM+7 / ETM+4 a consisté à déterminer les autres faciès.
L'ensemble gneissique en bleu est bien observé dans la partie Nord-Ouest de la carte alors que la série de Djanet apparait en vert et les grès du Tassili en violet (Fig. 26).

Le troisième type de traitement en composition colorée porte sur les trois dernières néo- bandes ETM+5 / ETM+7, ETM+2 / ETM+1, ETM+4 / ETM+2. L'interprétation visuelle de ces images permet d'identifier des plages homogènes assimilables aux dykes des rhyolites avec une teinte bleutée et aux granites avec une teinte plutôt violacée (Fig. 27).

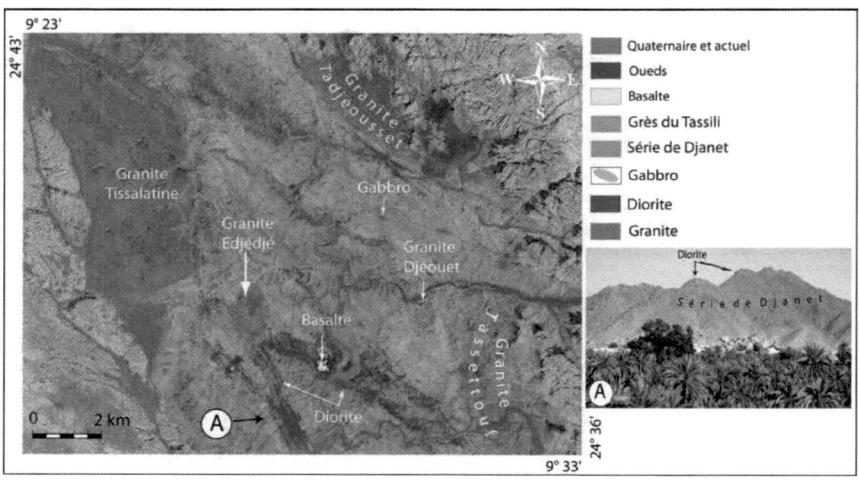

Fig. 24: *1er exemple d'une composition colorée établie à partir des rapports de bandes ETM+3 / ETM+1, ETM+5 / ETM+4 et ETM+7 / ETM+5.*
(A) vue panoramique d'un filon de diorite.

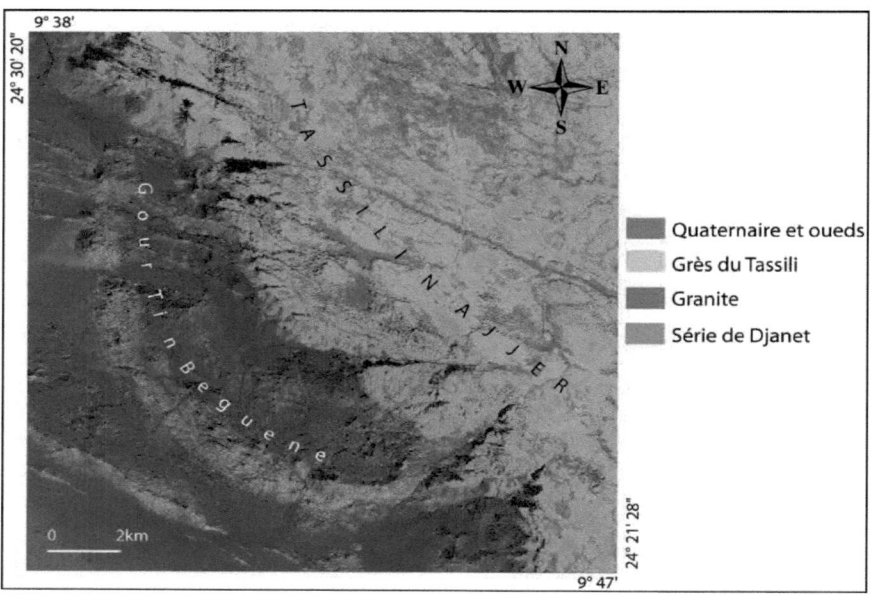

Fig. 25: *2ème exemple d'une composition colorée établie à partir des rapports de bandes ETM+3 / ETM+1, ETM+5 / ETM+4 et ETM+7 / ETM+5.*

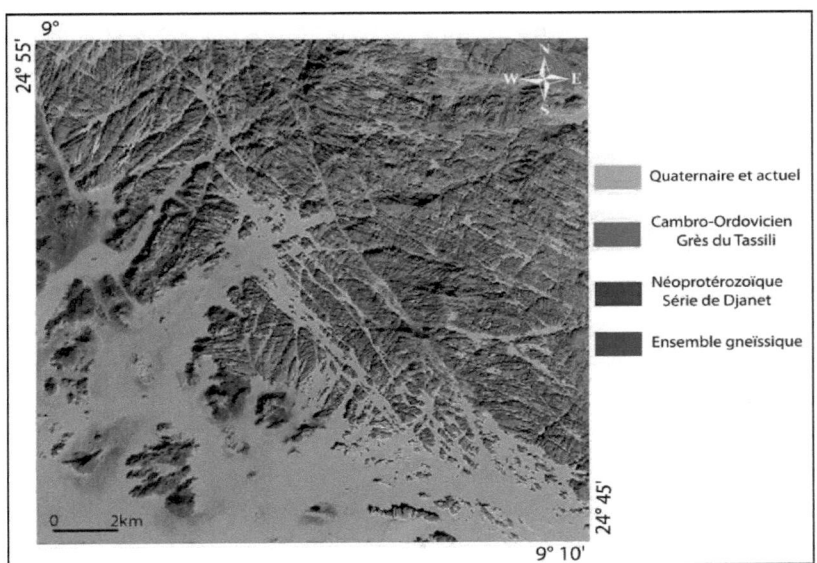

Fig. 26: *3ème exemple d'une composition colorée établie à partir des rapports de bandes ETM+5 / ETM+3, ETM+3 / ETM+2 et ETM+7 / ETM+4.*

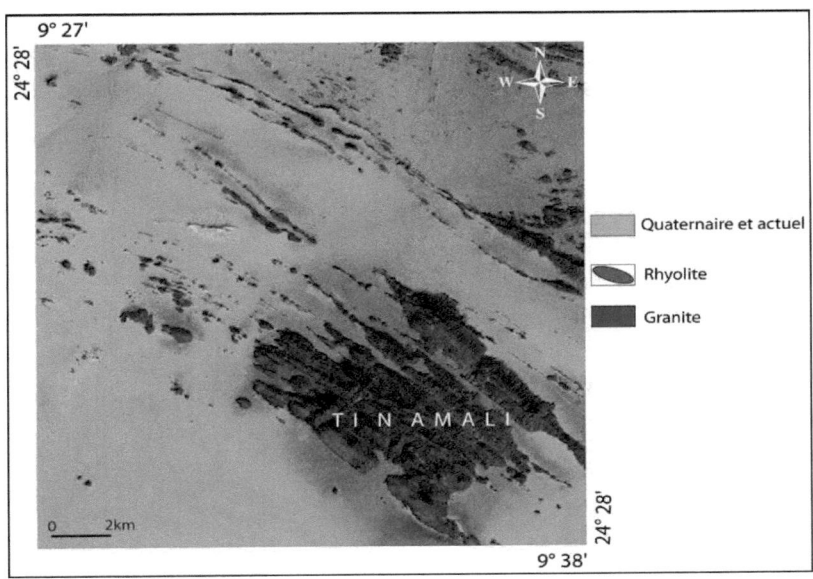

Fig. 27: *4ème exemple d'une composition colorée établie à partir des rapports de bandes ETM+5 / ETM+7, ETM+2 / ETM+1 et ETM+4 / ETM+2.*

III.2.5. Apport de la télédétection à la cartographie

L'interprétation de toutes les analyses (d'images satellitaires) a permis de réaliser une carte des unités géologiques de la zone d'étude (Fig. 28). La comparaison de cette carte avec celle réalisée par les méthodes classiques (Fig. 10) montre que toutes les grandes unités géologiques de la région ont été distinguées. La discrimination de ces limites lithologiques est basée sur la variation des teintes observées sur les différents traitements des images. En conséquence, les différentes unités lithologiques sont bien identifiées et apparaissent sous des faciès de teinte bien distincte.

Les contours des différents massifs granitiques de la région d'étude sont précisés ainsi que les limites de la série de Djanet. Par ailleurs, on note la présence de filons de gabbro et de diorite recoupant les formations schisteuses de la série de Djanet au Nord et au Nord-est de la ville de Djanet. Bien que ces filons ne soient pas mentionnés sur la carte géologique précédente, ces résultats sont en conformité avec les données de terrain.

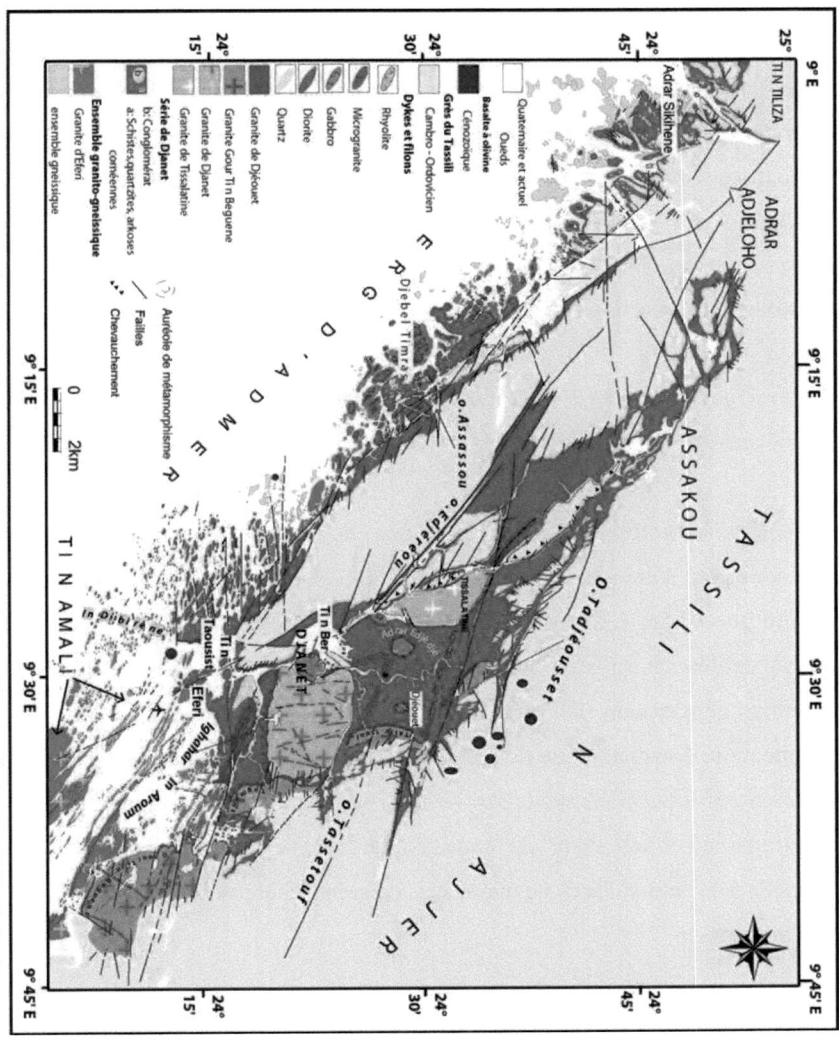

Fig. 28: *Carte géologique établie à partir des données de terrain et complétée par l'analyse des images ETM+ de Landsat.*

II.2.6. Conclusion

Le présent travail est une contribution à la cartographie géologique à partir des méthodes classiques combinées avec l'application de la télédétection spatiale. Cette dernière montre l'apport de l'imagerie satellitaire dans la cartographie des contours géologiques surtout dans les zones inaccessibles. Les résultats géologiques obtenus ont été corrélés aux différents travaux déjà réalisés dans la région. La carte géologique ainsi obtenue constitue un document de base détaillé et assez performant (Fig. 28). Elle fournit davantage d'informations en raison des nouvelles précisions qu'elle apporte.

Le lever géologique et l'étude des formations de la région de Djanet nous ont amené aux conclusions suivantes:

Le socle néoprotérozoïque de la région de Djanet est constitué de deux ensembles qui s'étendent selon une direction globale NW-SE: (1) un ensemble granito-gneissique (zone de cisaillement de Ti n Amali), matérialisé par des gneiss oeillés ou rubanés localement migmatitiques et parfois recoupés par d'autres générations de granites porphyroïdes. (2) un ensemble méta-sédimentaire épizonal (série de Djanet). Les formations de la région d'étude sont représentées essentiellement par la série de Djanet d'âge néoprotérozoïque constituée essentiellement de schistes, de silts et pélites variées avec des intercalations lenticulaires de quartzites, de conglomérats, de microconglomérats et d'arkoses.

Les formations schisteuses sont recoupées par des granitoïdes provoquant un métamorphisme de bas degré. Le magmatisme post-collisionel se manifeste par la mise en place de grands batholites de granite accompagnés, souvent, par des auréoles de métamorphisme de contact dans lesquelles apparaissent des schistes tachetés à andalousites et des cornéennes. L'ensemble est surmonté en discordance par les grès du Tassili d'âge Paléozoïque. Toutes ces formations sont traversées par des cônes volcaniques isolés et assez préservés du cénozoïque.

Chapitre IV
Analyse structurale

Analyse de la déformation

I. Les marqueurs de la déformation à l'échelle régionale

L'étude de la déformation à l'échelle régionale est basée sur plusieurs techniques. En effet, les données obtenues par la télédétection sont multiples: images satellitaires *Landsat-7 ETM+*, images numériques de terrain (*MNT*) et images fournies par *Google Earth* (résolution d'un mètre).

L'exploitation optimale des informations multi-sources et multi-échelles pourra contribuer à une meilleure connaissance du point de vue structural, et donc à une meilleure approche locale et régionale de la région d'étude.

L'étude structurale révèle l'existence d'une succession de déformations ductile et fragile. La déformation fragile affecte l'ensemble des formations gréseuses paléozoïques, les schistes néoprotérozoïques ainsi que l'ensemble granitique. Cette déformation est la plus récente et elle recoupe la déformation ductile (Fig. 29).

La détermination de la déformation fragile a été réalisée à partir de l'interprétation des images résultant de l'application des différents filtres directionnels, tandis que celle de la déformation ductile a été obtenue à partir des compositions colorées et grâce à l'analyse des bandes ratios.

Fig. 29: *Bloc diagramme schématisant les plus importants accidents affectant la région de Djanet (réalisé à partir d'une carte numérique de terrain « MNT »).*
(1) Déformation fragile, (2) Déformation ductile.

A. Etude de la fracturation

L'étude porte sur la région de Djanet où la fracturation est bien développée. Cette étude a pour objectif principal la cartographie des réseaux de fractures dans l'ensemble des formations à l'aide des images satellitaires *Landsat-7 ETM+*. Les données de télédétection utilisées sont multiples et l'ensemble des techniques utilisées ont abouti au rehaussement des éléments structuraux et linéaires contenus dans les images brutes, permettant ainsi une meilleure connaissance des accidents géologiques. La carte linéamentaire obtenue, après les traitements, est très dense et comporte des linéaments (discontinuités images) de directions et de tailles variables. La validation de ces différentes structures linéaires a été faite sur la base d'une comparaison avec des observations effectuées sur le terrain, de photographies aériennes, d'une carte géologique et enfin d'un schéma structural.

IV. 1. CARTOGRAPHIE DES ACCIDENTS GÉOLOGIQUES PAR IMAGERIE SATELLITAIRE LANDSAT-7 ETM+

La cartographie des structures linéamentaires constitue une composante essentielle pour la compréhension de la tectonique régionale en raison de la complexité de la réalisation d'une corrélation régionale à partir d'observations locales effectuées dans l'ensemble de la région.

En effet, l'utilisation des données de télédétection pour la cartographie des linéaments et pour l'identification des structures géologiques que permettent les images satellitaires à haute résolution spatiale rendent l'analyse de la fracturation relativement plus facile à réaliser (Scanvic, 1983, 1992).

IV.1.1. Traitements spécifiques

La quantité d'informations contenue dans les images numériques est considérable. Pour faciliter les opérations d'interprétation géologique et pour mieux discerner les éléments d'analyse structurale, des traitements spécifiques à la cartographie structurale ont été utilisés (composition colorée, analyse en composantes principales (ACP), filtres directionnels, rapport des bandes).

IV.1.1.1. L'Analyse en Composantes Principales (ACP)

L'Analyse en Composantes Principales (Principal Component Analysis) est une transformation mathématique basée sur l'analyse de la covariance de l'image ou de la matrice de corrélation de plusieurs séries de données (Bonn et Rochon, 1992; Girard M.C. et Girard C.M., 1999).

En raison de l'abondance d'informations à traiter, l'Analyse en Composantes Principales (ACP) permet de condenser les données originelles en de nouveaux groupements, appelés nouvelles composantes, de façon à ce qu'elles ne présentent plus de corrélation entre elles et qu'elles soient ordonnées en terme de pourcentage de variance apportée par chaque composante (Rakotoniaina, 1998).

IV.1.1.2. Filtres directionnels

Bien que l'extraction des linéaments sans application de filtres directionnels ne fasse pas ressortir la totalité du réseau linéamentaire, elle reste néanmoins une étape importante de pré-analyse dans la cartographie structurale.

Cependant, dans le cas des applications en géologie, les filtres directionnels peuvent servir à détecter les fractures ayant de grandes fréquences spatiales (Bonn et Rochon, 1992, Bonn, 1996 et Robin, 1998).

Les filtres utilisés pour rehausser les caractéristiques linéaires d'une image améliorent la perception des linéaments en provoquant un effet optique d'ombre portée sur l'image. Ils sont basés sur leur fréquence qui est elle-même liée à la texture.

L'application de ces filtres directionnels, selon les orientations allant de N000 jusqu'à N180E, à l'image d'origine (Fig. 30) et/ou aux images obtenues après des traitements spécifiques, donne une vue globale sur les principales orientations des linéaments. Le rehaussement des linéaments a été effectué à partir de filtres directionnels dans les quatre directions : N000°, N045°, N090°, N135° (Fig. 31). Ces filtres ont été appliqués à la bande 7 avec une matrice carrée d'ordre 3 permettant ainsi de mieux percevoir les détails structuraux (Fig. 32A, B, C, D).

À partir de la synthèse des linéaments extraits des différentes images après les divers traitements, une carte de fracturation d'extension régionale a été dressée (Fig. 33A). La carte obtenue compte environ 3147 fractures de tailles et de directions variables et indique que celles-ci s'échelonnent selon quatre orientations privilégiées : E-W, NE –SW, NW-SE, et NS à NNW-SSE (Fig.33B) (Zekiri-Nemmour et Mahdjoub, 2012).

L'étude de cette carte est basée sur l'analyse statistique de tous les linéaments détectables à partir des filtres directionnels regroupés, selon leur orientation, en plusieurs classes et par croissance angulaire de 5 degrés (5° en 5°), (Croussilles et al., 1978). La fréquence et la densité des fractures par classe d'orientation ont été calculées (Fig. 33B). Les rosaces directionnelles de la fracturation sont exprimées en nombre (n=3147). Les résultats obtenus montrent que l'ensemble des terrains de la région étudiée est affecté par une intense déformation cassante à différentes échelles suivant plusieurs directions de l'espace.

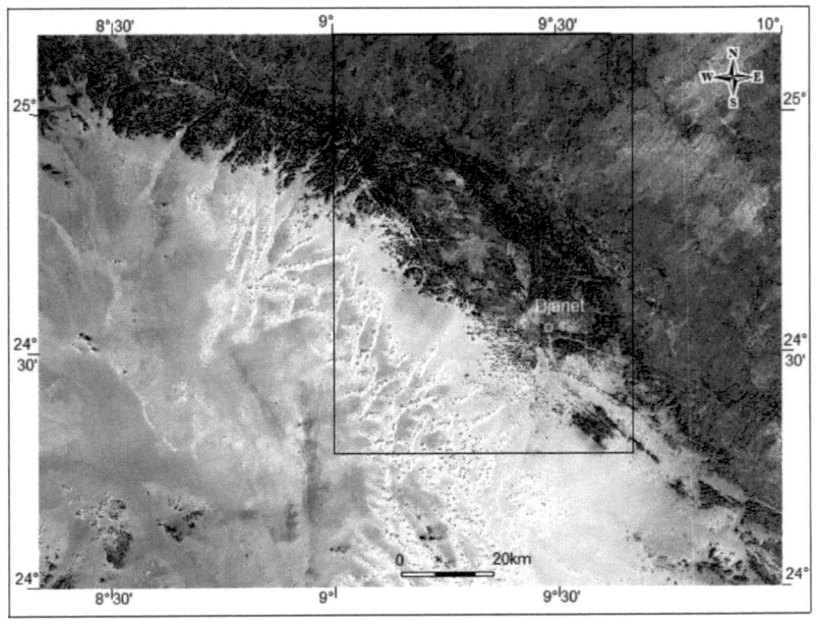

Fig. 30: *Image de la région de Djanet extraite de l'image LANDSAT-7 ETM+ en composition colorée 742. Le rectangle noir indique la zone étudiée.*

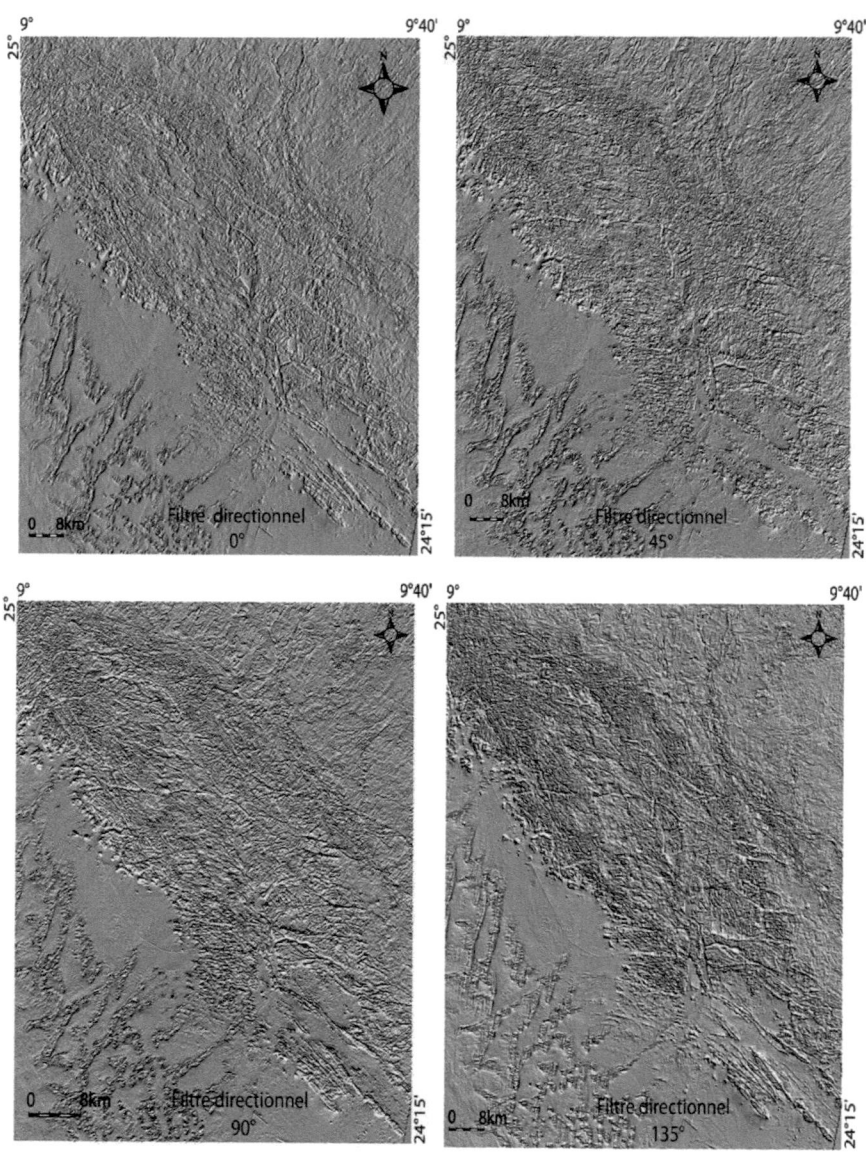

Fig. 31: *Filtres directionnels appliqués sur l'image satellitaire ETM+7.*

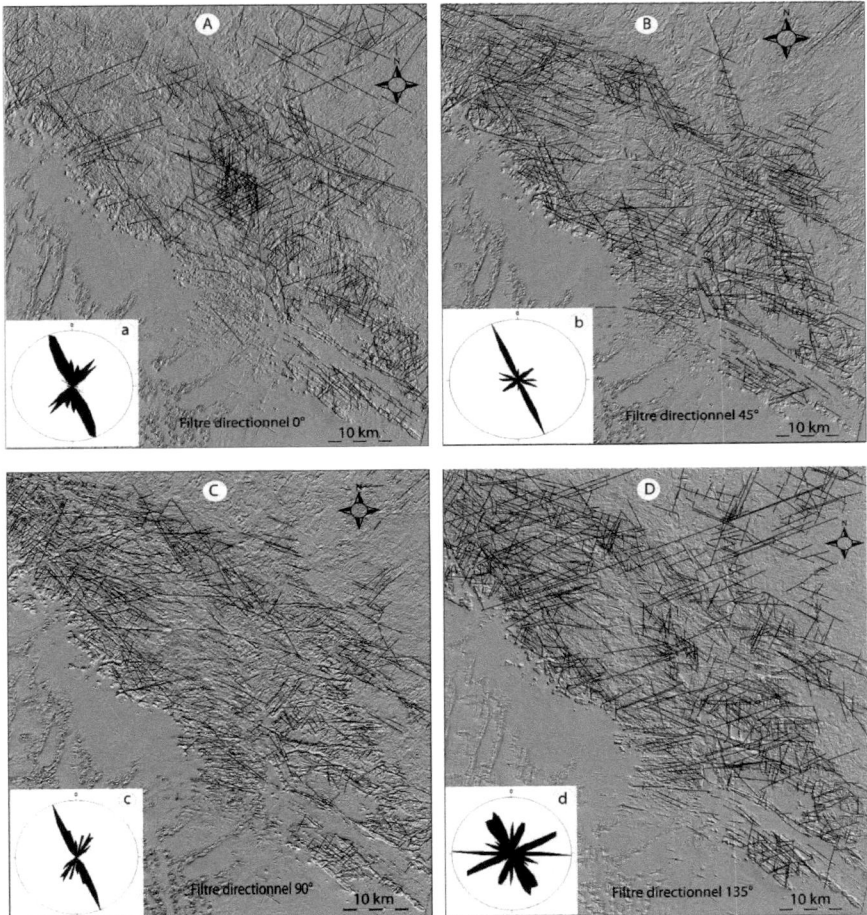

Fig. 32: *(**A, B, C, D**) Linéaments rehaussés à partir des filtres directionnels appliqués à l'image ETM+7. (**a, b, c, d**) Diagrammes en rosaces des linéaments issus de l'application de filtres directionnels en fonction de leur orientation; (**a**) rosace des linéaments EW (n=171); (**b**) rosace des linéaments NE (n=1228); (**c**) rosace des linéaments NS (n=469); (**d**) rosace des linéaments NW (n=1279).*

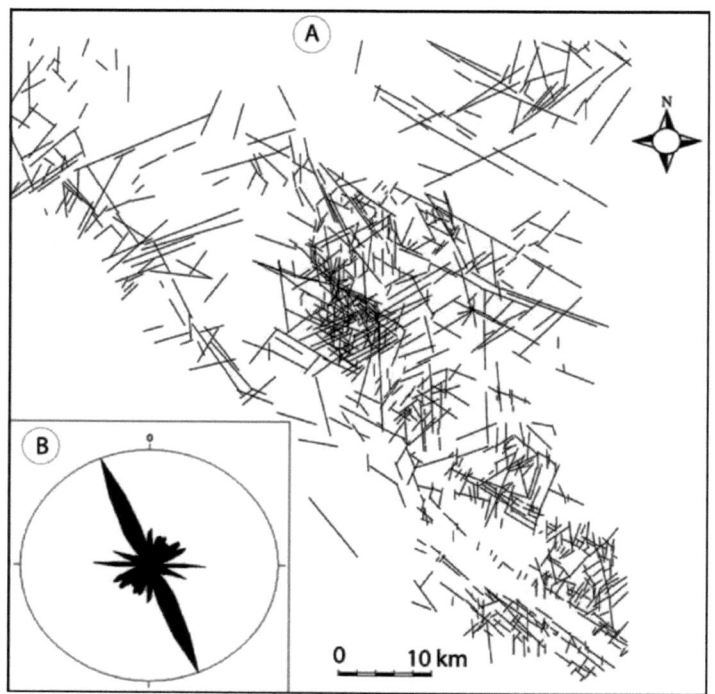

Fig. 33: **(A)** *Carte détaillée des linéaments obtenus à partir des filtres directionnels;* **(B)** *Caractérisation statistique des populations de fractures* (n=3147).

IV.1.2. Interprétation

L'application des deux filtres directionnels (000° et 090°) a permis de déterminer deux directions principales: NNW-SSE et NE-SW (Fig. 32A, C). Les filtres directionnels 45° et 135° permettent de caractériser les directions NW-SE et E-W (Fig. 32B, D). Les deux premières familles NNW-SSE et NE-SW indiquent des déplacements respectivement dextres et senestres (Fig. 33A, 5A). Par ailleurs, les accidents senestres NW décalent les décrochements N-S vers l'Ouest (Fig. 33B, C). Les directions EW postérieures à l'ensemble décalent ces structures vers l'Ouest (Fig. 33).

IV.1.3. Analyse structurale

La carte structurale élaborée à partir de l'image satellitaire montre que la fracturation s'organise suivant plusieurs accidents majeurs de différentes directions (E-W, NE-SW, NW-SE, et N-S). Ces accidents ont joué un rôle important dans la structuration de cette région au Panafricain et ont été réactivés durant plusieurs phases de déformations.

La direction la plus importante **NNW-SSE** à **N-S** traverse la région de Djanet du Nord vers le Sud (Fig.33). Elle correspond à des cisaillements plurikilométriques indiquant des déplacements dextres. Ces structures peuvent affecter aussi bien les terrains néoprotérozoïques que leur couverture paléozoïque formant ainsi les grès du Tassili (Fig. 33A). Dans la région d'étude, la direction **NNW-SSE** à **N-S** correspond à la faille qui sépare le socle du Paléozoïque (faille de Djanet). Cette direction, également bien représentée dans le terrane de Djanet, est à l'origine de structures cisaillantes induisant un découpage lenticulaire compatible avec des déplacements dextres (Fig. 33B).

Dans le Hoggar oriental, ces structures cisaillantes correspondent à l'orientation des grands décrochements subméridiens (8°30' et 9°), hérités de l'orogenèse panafricaine, qui structurent le Hoggar en terranes (Fig. 1).

L'accident N-S (8°30') (Bertrand et Caby 1978) est également appelé « shear zone intracontinentale de Tiririne ». Son prolongement connu, dans le massif de l'Aïr, porte le nom de « zone de cisaillement de Raghane » ou (Raghane shear zone) (Liégeois et al., 1994, 1998; Nouar et al., 2011). Ce dernier sépare les principaux domaines du Hoggar qui sont à l'Est, le Hoggar oriental (zone étudiée) et à l'Ouest, le Hoggar Central polycyclique; cet accident correspond au métacraton Est-saharien à l'est et le terrane d'Issalane à l'Ouest.

L'accident subméridien 9° sépare le môle d'Issalane à l'Ouest et le domaine Tafassasset-Djanet à l'Est (Black et al., 1994). Enfin, toutes ces failles représentent les cisaillements les plus anciens de la région.

La direction **NW-SE** est représentée par les accidents délimitant les terranes de Djanet, de l'Edembo et de l'Aouzegueur (Caby et Andreopoulos-Renaud, 1987). Décrit par Guiraud et *al.*, 2000, un linéament de même direction et d'ampleur lithosphérique, dénommé linéament du Tibesti, s'étend sur une distance de 6000 Km, de l'Atlas marocain au Nord-Ouest jusqu'au Kenya au Sud-est (Fig. 34). Il correspond à des relais de zones de cisaillement probablement réactivées à plusieurs périodes de leur histoire.

Dans notre région d'étude, la direction NW-SE représente la limite entre le terrane de Djanet à l'Est et celui de l'Edembo à l'Ouest (zone de cisaillement de Ti n Amali (Fig. 36). Cette zone représente un segment de l'accident du Tibesti passant au Nord de Djanet (Fig. 37). Par ailleurs, des accidents de même direction affectent les terrains néoprotérozoïques et paléozoïques en décalant les structures N-S en cisaillement senestre.

Ces directions **N-S et NW-SE**, identifiées aussi bien sur les images satellitaires que sur le terrain, sont confirmées par l'interprétation des données aéromagnétiques (Bournas, 2001).

La direction **NE-SW** correspond à des failles métriques à kilométriques qui affectent essentiellement les terrains paléozoïques et en particulier les terrains présentant un important développement de volcans alignés sur les grès du Tassili. Dans le socle, ces failles sont beaucoup moins exprimées, à l'exception de la partie Ouest de la région de Djanet. Cette direction correspond encore à des décrochements senestres (Fig. 33c). Ces failles sont liées à la zone de distension probable qui a affecté tout le Hoggar.

La direction **E-W** correspond à des failles kilométriques qui traversent l'ensemble de cette région (Fig. 35). Ces failles recoupent en plusieurs endroits les structures qu'elles traversent, attestant ainsi de leur caractère récent. A In Débirène, au Sud de Djanet, ces failles contrôlent la mise en place du volcanisme cénozoïque; elles sont probablement liées à une tectonique extensive.

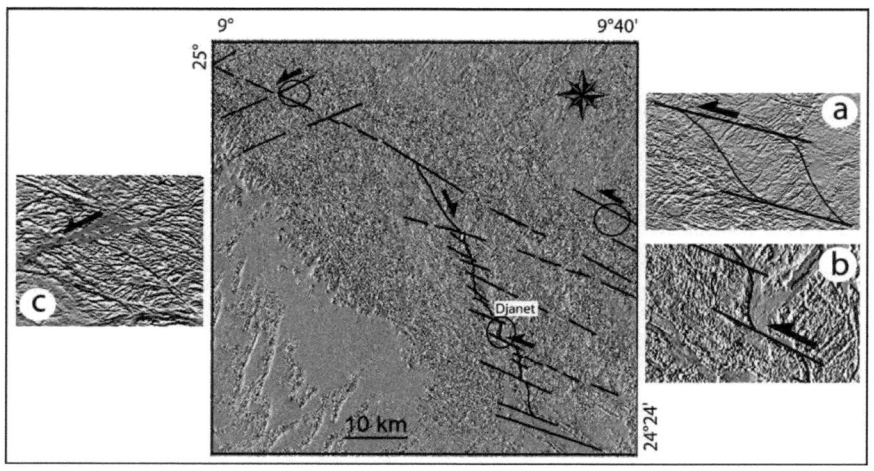

Fig.34: *Représentation de l'accident NNW-SSE à partir d'un filtre directionnel, **(a)** la direction NW indique un cisaillement sénestre; **(b)** les accidents NW-SE recoupent le premier et le décalent vers l'Ouest ; **(c)** l'accident NE indique un cisaillement sénestre.*

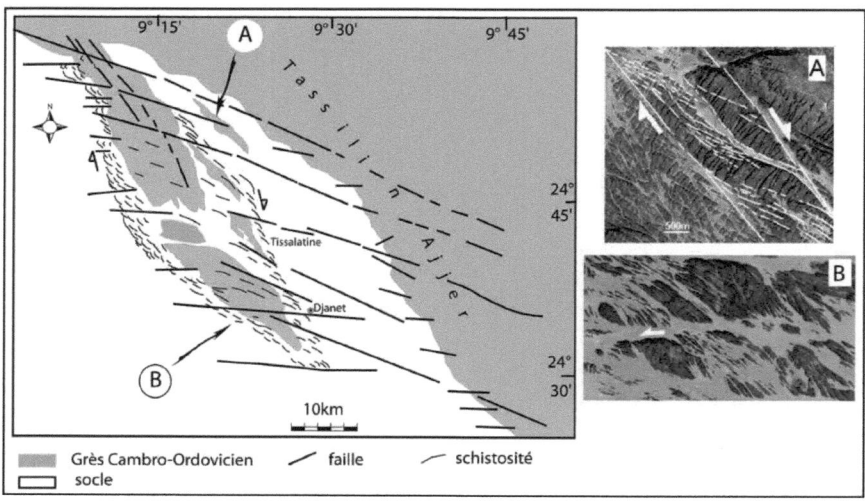

Fig. 35: *Carte schématique des cisaillements à partir d'une carte numérique de terrain (MNT). **(A)** formes sigmoïdes dans les grès du Tassili indiquant des cisaillements dextres vers le SE; **(B)** formes lenticulaires dans la série de Djanet à l'échelle régionale.*

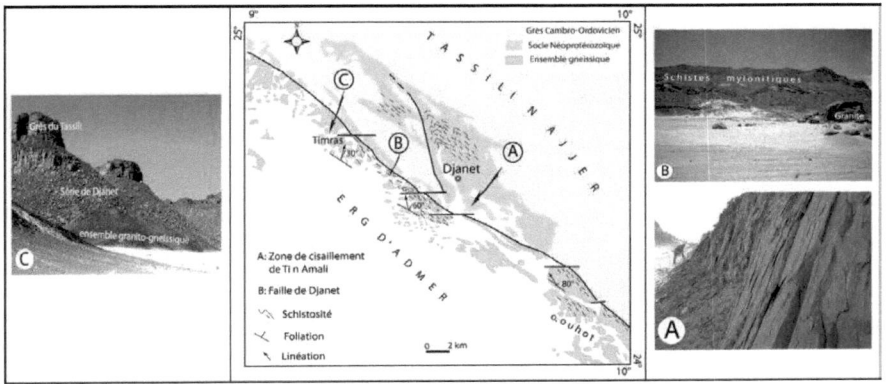

Fig. 36: *Carte schématique des deux accidents majeurs de la région de Djanet.*
  (A) Schistosité sub-verticale au sud de Djanet;
  (B) Les schistes reposent en contact tectonique sur les granites déformés;
  (C) Superposition des trois séries ; de bas en haut :
     ensemble granito-gneissique ; série de Djanet et grès du Tassili.

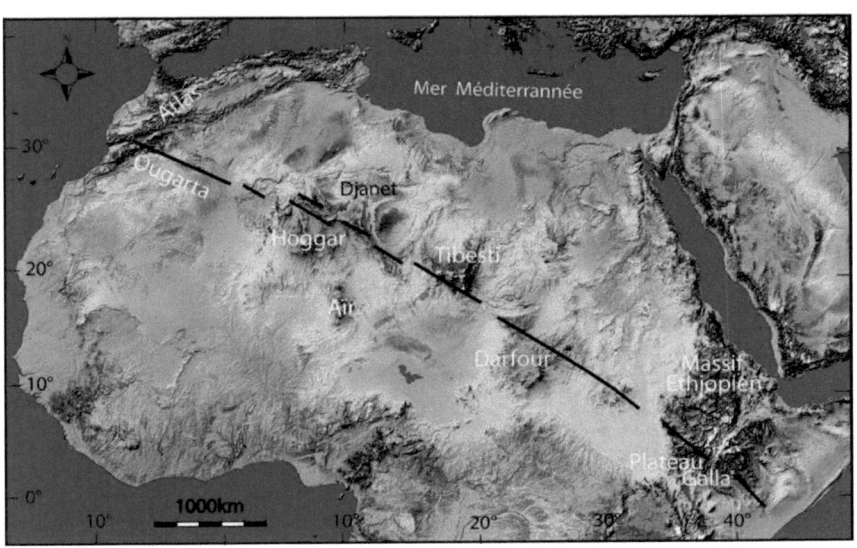

Fig.37: *Carte schématique de la localisation du linéament du Tibesti.*
  (d'après Guiraud et al., 2000).

B. Etude de la déformation ductile.

Dans la région d'étude, la déformation ductile est matérialisée par une schistosité régionale perturbée. La reconnaissance et l'analyse des champs de ces structures permettent d'établir la géométrie dans le bâti pluton-encaissant et d'examiner (1) le contrôle exercé par le pluton sur la déformation de l'encaissant et (2) la déformation post-mise en place dans l'encaissant.

IV.2. STRUCTURES CARTOGRAPHIQUES DANS L'ENCAISSANT

Les formations schisteuses néoprotérozoïques de la série de Djanet qui constituent l'encaissant de l'ensemble des granites post-orogéniques de la région de Djanet sont caractérisées par des perturbations de la schistosité régionale et matérialisées par l'existence des différents types de plis.

L'approche méthodologique de la cartographie de ces éléments structuraux dans les formations schisteuses de la région de Djanet consiste en l'analyse des images satellitaires provenant de *Google Earth* avec une résolution d'un mètre et en l'interprétation des rapports de bandes pour les images *Landsat-7 ETM+*.

IV.2.1. Analyse des images satellitaires provenant de Google Earth

L'étude de la déformation ductile a été principalement réalisée à partir d'un ensemble d'images satellitaires provenant de *Google Earth*. Une base de données consistante a été établie par l'assemblage de 25 blocs d'environ 4 km x 4 km composés de plusieurs centaines d'images de 280 m x 280 m, avec une résolution d'un mètre en moyenne.

L'analyse de ces images a alors permis de tracer une carte des trajectoires de la schistosité régionale (Fig. 38). Cette carte a permis, d'une part de voir l'effet de la mise en place des plutons granitique dans l'encaissant, et d'autre part d'établir les relations entre les différents marqueurs de la déformation.

L'étude de cette carte montre que la majorité des intrusions granitiques de la région d'étude, telles que les granites de Djanet, Tissalatine, Tagment, Tassettouf et Tadjouisset, présentent une déformation ductile dans l'encaissant, au niveau de leurs bordures. La cartographie de la trajectoire de la schistosité régionale dans la série de Djanet montre que celle-ci est irrégulière. Cette schistosité se traduit par des modifications des surfaces axiales qui sont (1) autour des granites au sein des formations de l'encaissant au contact de ces derniers, liées à la mise en place des plutons granitiques et (2) à l'intérieur le la série de Djanet en s'éloignant des intrusions granitiques, liées à des cisaillements post- tectoniques.

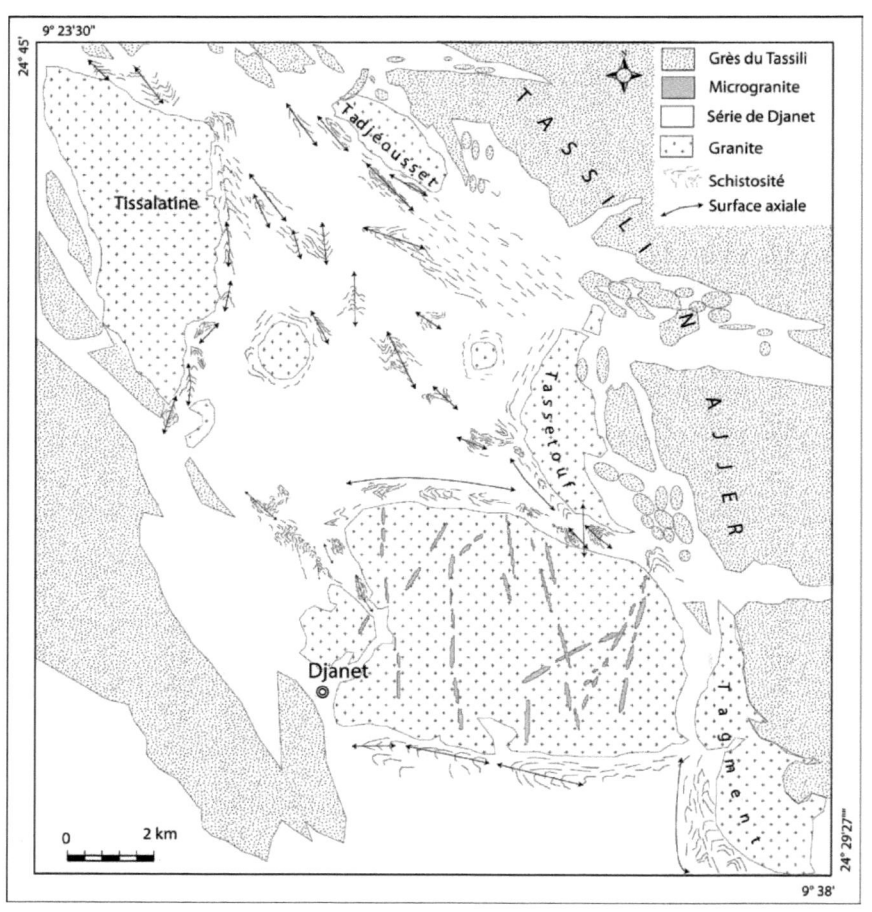

Fig. 38: *Carte des trajectoires de la schistosité établie à partir des images provenant de Google Earth..*

IV.2.1.1. Trajectoire de la schistosité autour des massifs granitiques.

La mise en place d'un pluton granitique s'accompagne toujours d'un transfert de chaleur depuis le pluton vers l'encaissant. Ces gradients thermiques engendrent une concentration de la déformation au sein de l'encaissant.

Ainsi, la schistosité régionale observable autour des massifs granitiques montre aussi une évolution géométrique et typologique du plissement. Ceci permet de mettre en évidence des gradients d'intensité de déformation. Le plissement est de plus en plus marqué à l'approche des granites et s'accompagne d'une schistosité de surface axiale. On passe progressivement de plis ouverts, concentriques et peu aplatis, à des plis beaucoup plus fermés. Ces surfaces axiales qui moulent les massifs granitiques et qui s'adaptent à leur interface correspondent à un plan d'aplatissement local (Brun, 1981). Ce plan d'aplatissement est assimilable au plan principal de déformation ($\lambda_1\ \lambda_2$). En effet, les surfaces axiales des plis à diverses échelles ont la même signification cinématique que les surfaces de schistosité.

Cependant, l'analyse des champs de la déformation dans la série de Djanet montre l'existence d'un gradient de déformation croissant lié à la mise en place des plutons granitiques. Ce gradient dans l'encaissant s'accompagne (1) d'une évolution typologique de la schistosité et (2) d'une modification de la géométrie des structures plissées.

L'évolution typologique de la schistosité peut être mise en évidence par l'évolution thermique autour des plutons. Elle se traduit par l'existence d'une schistosité de pression- solution. Par ailleurs, la géométrie du plissement synchisteux est matérialisée par un gradient d'intensité de déformation. En effet, les trajectoires de la schistosité régionale dans la série de Djanet montrent clairement une accentuation du déversement des plis à l'approche du pluton. Ces plis, observés dans l'encaissant sont des plis isoclinaux à surface axiale, tendent à se paralléliser avec l'interface du pluton et sont donc liés au gonflement du pluton (Brun, 1981).

Dans la région d'étude, on constate que cette déformation ayant affecté l'encaissant, localisée à la bordure Est du granite de Tissalatine, s'observe également dans les formations qui entourent les trois petits massifs granitiques subcirculaires (Tagment, Tassettouf et Tadjouisset) ainsi que le granite de Djanet.

IV.2.1.2. Trajectoire de la schistosité à l'intérieur de la série de Djanet

L'analyse des structures dans l'encaissant montre que les perturbations de la schistosité régionale matérialisées par des plis sont plutôt liées à des cisaillements synchrones à la mise en place des granites.

Au Nord de Djanet, cette évolution dans le style du plissement s'accompagne d'une rotation des surfaces axiales. Les surfaces axiales s'intensifient et changent de direction progressivement de NW-SE à NNW-SSE ou carrément N-S. On y observe des plis droits ou déversés vers l'Ouest à axes légèrement plongeants vers le NW (Fig. 38A).

De plus, on constate que cette réorientation des surfaces axiales suit la direction du cisaillement NW-SE à N-S (Fig. 38A).

On peut donc en déduire que l'existence de ces structures témoigne d'une ancienne déformation ductile NS reprise postérieurement par une déformation fragile.

IV.2.1.3. Complexe filonien de Ti n Amali.

L'importance et la complexité du champ filonien de Ti n Amali qui recoupe le pluton de Ti n Beguene témoignent des différentes étapes de l'évolution magmatique et tardi-magmatique. Cette évolution s'accompagne de la mise en place de plusieurs générations filoniennes représentées essentiellement par des dykes de rhyolites, de microgranites et de microdiorites orientés globalement NW-SE. Néanmoins, les dykes microgranitiques sont orientés suivant trois directions privilégiées NW-SE, NE- SW et N-S (Fig. 39).

L'analyse de ces filons montre qu' une première famille de direction **N-S** est recoupée par une deuxième famille orientée **NW-SE**; ils leurs sont donc antérieurs. On note la présence d'un autre système filonien **NE-SW** beaucoup moins dense. Ces directions **NE-SW** changent d'orientation et redeviennent **N-S** (méridiennes) un peu plus au Nord de la région.
En effet, ces filons microgranitiques existent également à l'intérieur du massif granitique de Djanet avec une direction prédominante NS.

Cette variation d'orientation indique probablement l'existence de plusieurs générations de microgranites, et aussi que leur mise en place est synchrone ou postérieure à la mise en place des granites de Ti n Beguene. De même pour le complexe volcanique, les dykes de rhyolites (d'âge 558 Ma) sont postérieurs à la mise en place de ces granites.

À partir du style de déformation et des relations géométriques entre les objets structuraux, les plus importantes directions de cisaillement identifiées précédemment ont été déterminées.

Parmi tous ces accidents, les deux accidents NE-SW et NW-SE représentent l'élément structural le plus important à signaler. Ces deux directions correspondent à un système de failles de directions conjuguées. On retrouve ainsi, à l'échelle régionale, un sens de déplacement dextre sur les cisaillements de direction NW-SE et senestre sur les cisaillements NE-SW (Fig. 39A).

Ce système de failles conjuguées (NE et NW), compatible avec le système de fracturation mis en évidence d'après les données *Landsat-7 ETM+* , témoigne d'une extension NE-SW.

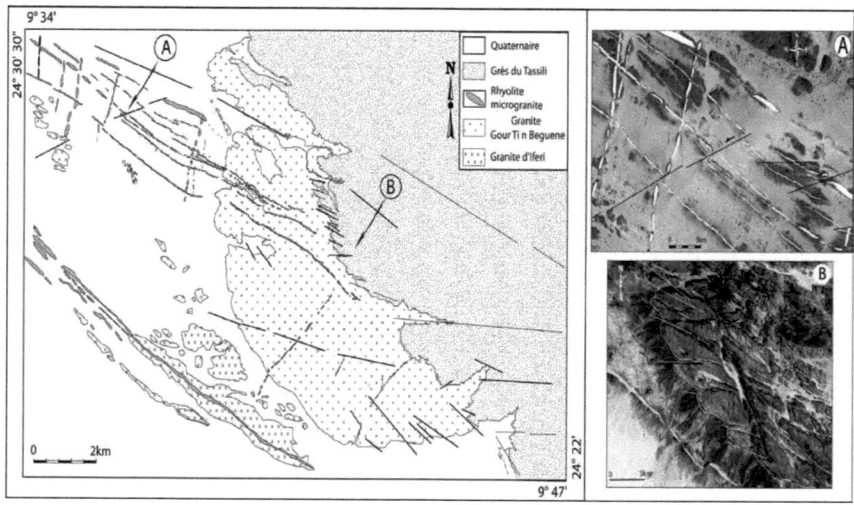

Fig. 39: *Représentation du complexe filonien à partir d'images provenant de Google Earth. Accident NE-SW recoupant les deux familles de filons d'orientations NS et NW-SE.*

IV.2.2. Rapport des bandes

L'analyse des bandes ratios a pour but d'extraire diverses informations thématiques se prêtant à une interprétation visuelle directe. Ces principales techniques d'analyse de composants facilitent la discrimination lithologique des roches (déjà discutée dans le chapitre géologie de la région de Djanet) et soulignent les principaux linéaments ainsi que les structures qui leur sont associées.

Le traitement de l'image de la zone d'étude a porté sur la recherche de traitements spécifiques à l'analyse en composantes principales, aux rapports de bandes et aux différentes compositions colorées réalisées à partir des néo-bandes générées et de certaines bandes *ETM+*.

D'une combinaison de diverses techniques de traitement testées comme étant les mieux appropriées, seules les compositions colorées jugées significatives ont été utilisées.

En effet, à partir des trois néo-bandes provenant des rapports de bandes ETM+5 / ETM+7, ETM+5 / ETM+1 et ETM+5 / ETM+4, une composition colorée en RVB a été réalisée (Fig. 40). Cette composition colorée permet de distinguer au Sud et au Nord de la ville de Djanet les diverses structures qui affectent l'ensemble des formations de la série de Djanet.

On peut ainsi constater que les structures associées sont reprises dans les déformations cisaillantes WNW-ESE à EW. Cependant, ces plis montrent des surfaces axiales de direction NE à NNE orientées dans la direction du cisaillement.

Par ailleurs, les surfaces axiales des plis ($\lambda_1\lambda_2$) à diverses échelles permettent d'indiquer le sens de déplacement des cisaillements. En effet, cet accident représente des cisaillements senestres, vers l'Ouest, déterminés par les surfaces axiales des plis.

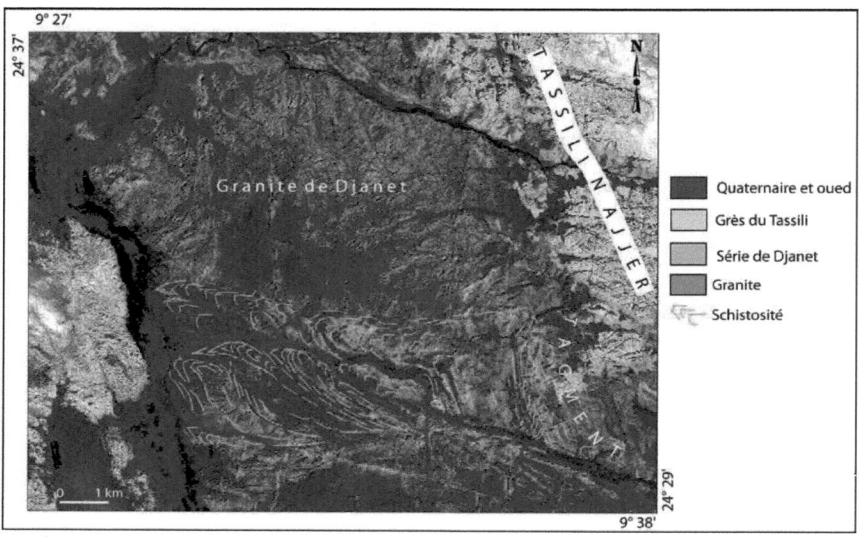

Fig. 40 : *Schéma des structures plissées liées à la déformation post-panafricaine, établi à partir des rapports de bandes ratios.*

IV.3. Apport de la télédétection à l'étude structurale.

A l'échelle régionale, l'étude de la déformation a donc été établie à partir de deux techniques principales : l'une basée sur les filtres directionnels et l'autre sur les rapports de bandes.

1. L'application des filtres directionnels dans de nombreuses directions aux images *LANDSAT-7 ETM+* a permis de mieux identifier les linéaments majeurs dont les orientations correspondent aux principaux accidents ayant affecté la région de Djanet.

2. Basée sur l'analyse des compositions colorées et les bandes ratios, l'interprétation visuelle des images satellites provenant de *Google Earth,* avec une résolution d'un mètre et celles de *LANDSAT-7 ETM+* corrigées, a contribué à la réalisation d'une carte structurale qui a permis d'affiner les connaissances structurales de la zone d'étude, permettant une meilleure interprétation des failles déjà déterminées et montrant les particularités des champs de déformation associés ainsi que leurs significations cinématiques. Elles montrent en particulier les structures plissées qui accompagnent les accidents de direction globale NNW-SSE. Ces structures affectent aussi bien la série de Djanet que sa couverture sédimentaire, les grès cambro-ordoviciens. Ceci indique que ces accidents correspondent à des cisaillements postérieurs au Panafricain.

Les résultats ainsi obtenus contribuent à une meilleure connaissance structurale, à la fois locale et régionale de la région d'étude.

II. Les marqueurs de la déformation à l'échelle de l'affleurement.

IV.4. ANALYSE DE LA DEFORMATION.

Dans la région de Djanet, l'ensemble des formations néoprotérozoïques et leur couverture paléozoïque se caractérisent par une déformation hétérogène à différentes échelles. On présentera successivement (1) les déformations ductiles et (2) les déformations fragiles.

IV.1. La déformation ductile
IV.1.1. Dans la série de Djanet

La déformation ductile sub-méridienne se traduit par la présence d'une schistosité de pression-solution caractérisant une déformation de basse température des formations schisteuses de la série de Djanet. Cette schistosité présente une orientation globale NW-SE à pendage d'environ 45°W (Fig. 41).

Au Nord de la région, la schistosité est souvent accompagnée de failles inverses associées à des plis d'axes NE-SW ou NW-SE. Ces formations schisteuses plissées renferment parfois des lentilles ou des filons de quartz d'exsudation; ces derniers peuvent être parallèles ou sécants à la schistosité.

Cependant, à l'approche de Tissalatine , la série de Djanet est affectée par des failles inverses à vergence Sud-ouest accommodant un intense plissement de direction N110 à N140 (plis isoclinaux à flancs longs et à flancs courts) (Fig.41D). Sur les flancs de ces plis, on note la présence de fentes en échelons.

Plus à l'Est, les plis observés dans les formations schisteuses sont plutôt des plis droits légèrement déversés vers le Sud (Fig. 41B). Ceci montre une augmentation de l'intensité de la déformation matérialisée par un développement et une réorientation de la géométrie des plis.

Néanmoins, ces plis n'affectent que les formations schisteuses de la série de Djanet et non pas les grès du Tassili qui, eux, ne présentent aucune déformation (Fig. 41C) ; ceci montre que le plissement est antérieur au Paléozoïque.

On y observe également, à l'échelle de l'affleurement, des linéations d'étirement (λ_1) de direction globale NNW matérialisées parfois par l'orientation de galets, de grains extrêmement étirés et boudinés et de lentilles tronçonnées. Ces structures suggèrent une déformation à basse température et indiquent des cisaillements dextres (Fig. 42 A, B, C).

On note aussi que cette déformation ductile est matérialisée par des méga-lentilles redressées montrant des cisaillements dextres sub-verticaux.

Par ailleurs, au Sud de Tissalatine, la direction N-S est matérialisée par des structures lenticulaires délimitées par les deux surfaces de cisaillement conjuguées (NW-SE et NE-SW). Ces cisaillements sont respectivement dextre et senestre indiquant un axe de raccourcissement maximum (λ_3) de direction ESE. (Fig. 42D). Ces critères microtectoniques confirment le sens du mouvement précédemment déduit à l'échelle régionale.

De plus, au niveau de Tissalatine, cette série est souvent recoupée par des couloirs mylonitiques ductiles NNE-SSW d'échelle centimétrique à décamétrique. Ces couloirs mylonitiques représentent de petites bandes de cisaillement secondaires. On constate que l'intensité de la déformation augmente et que les formes lenticulaires sont de plus en plus étirées suivant la direction

N-S. Ces particularités indiquent des gradients de déformation.

Ainsi, ces structures lenticulaires ont été observées à différentes échelles, de l'échelle régionale dans les grès du Tassili à l'échelle de l'affleurement dans la série de Djanet.

Tous ces marqueurs tectoniques auraient été acquis au cours d'un évènement panafricain. Néanmoins, les formations schisteuses sont recoupées par des couloirs de cisaillement montrant des mouvements sénestres et indiquant ainsi que l'ancienne déformation a été réactivée postérieurement.

Fig. 41: La déformation ductile dans la série de Djanet.

A: Vue d'une schistosité oblique. *B: Pli droit dans la série de Djanet.*

C : Les plis n'affectent que les schistes alors que les grès ne présentent aucune déformation.

D: Plis isoclinaux dans les schistes. *E: Intercalations des bandes mylonitiques au sein des schistes quartzitiques.*

Fig.42: Déformation affectant la série de Djanet.

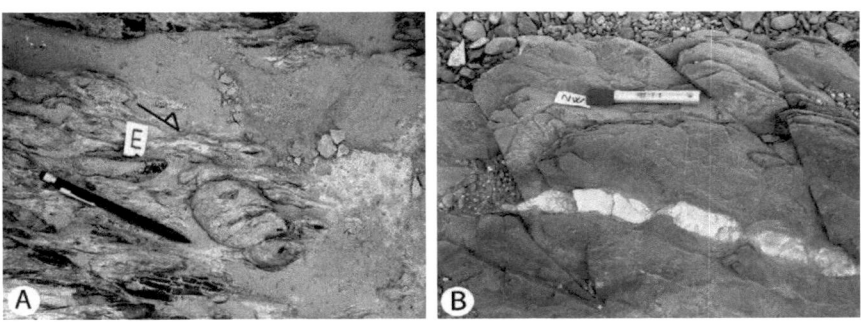

(A) Lentilles tronçonnées dans les schistes quartzitiques indiquant un cisaillement dextre.
(B) Boudinage du quartz dans les schistes. L'asymétrie des boudins indique un cisaillement.

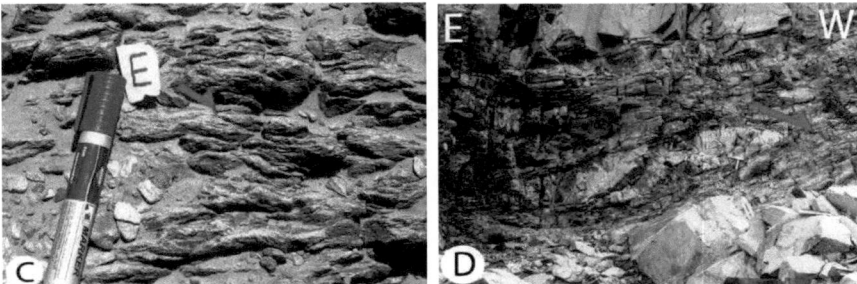

C: Plans C/S dans les formations schisteuses. D: Forme sigmoïde indiquant un cisaillement.

E: Présence de formes sigmoïdes de schistes quartzeux au sein des mylonites.
F: Forme lenticulaire (NS), limitée par les surfaces de cisaillement conjuguées dans la série de Djanet indiquant l'axe de raccourcissement (λ_3) de direction ESE.

IV.4.1.2. Dans l'ensemble granitique

IV.4.1.2.1. Le Granite de Tissalatine

Situé au Nord de Djanet, le granite post-orogénique de Tissalatine présente une forme en goutte. Cette forme suggère une mise en place le long d'une faille fragile dans un contexte décrochant senestre (Fig. 38).

Ainsi, la forme du granite et les structures (C/S) observées dans l'encaissant suggèrent que la déformation ductile NS a été reprise postérieurement par une déformation fragile. Cette dernière correspond à la faille de Djanet.

IV.4.1.2.2. Les Granites circulaires

Les granites circulaires (de Djéouet, d'Edjédjé et d'Edjériou) forment des massifs isolés dans l'encaissant très peu métamorphique. Le contact de ces intrusions post-orogéniques à contours francs est souvent matérialisé par des failles (Fig. 43).

L'ensemble de ces granites circulaires et leur encaissant sont affectés par des cisaillements parfois accompagnés de pseudotachylites indiquant le caractère fragile de cette déformation et un âge post-panafricain.

Fig. 43: Contact des granites avec la série de Djanet.

A : Contact tectonique entre le granite et les schistes.
B: Contact net entre le granite non déformé et la série déformée.

C: Contact des granites avec la série.   *D:* Plan de faille

Fig. 44: les plans C/S à l'échelle microscopique

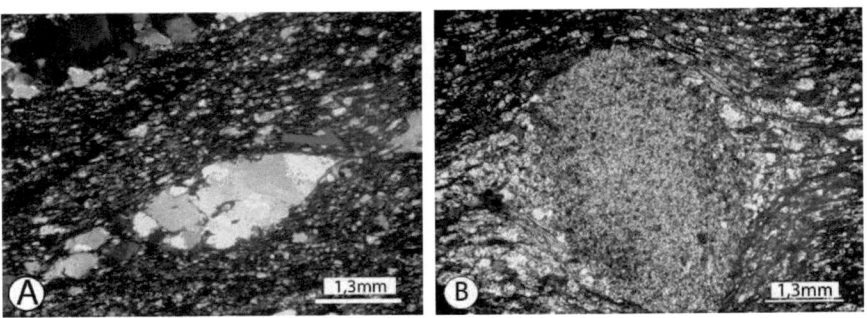

A: Formes sigmoïdes à l'échelle de la lame mince dans un schiste.

B: Queue de recristallisation asymétrique autour de l'andalousite en LN.

IV.4.2. La déformation fragile

IV.4.2.1. La faille de Djanet

Bien que, généralement, les formations gréseuses du Tassili reposent en discordance sur l'ensemble des formations d'âge néoprotérozoïque, le contact entre les deux ensembles peut être faillé (Fig. 45). C'est le cas de la faille de Djanet, de direction NNW-SSE à N-S. Ce contact est matérialisé par une importante dénivellation d'environ 600 m au niveau de la ville de Djanet. On peut noter également que l'ensemble des formations de la série de Djanet et ses granites intrusifs présentent une terminaison en pointe vers le NNW dans la direction d'Assakou, montrant une avancée du socle et un caractère décrochant (Fig. 10).

Cet accident explique, entre autres, l'abondance d'eau à Djanet et donc l'existence même de cette oasis.

Au Nord de la ville de Djanet (Edjédjé), le socle est surmonté par les grès paléozoïques sur plusieurs centaines de mètres. Ces grès forment un plateau allongé suivant la direction NNW-SSE et faiblement incliné vers l'Est.

Par endroit, les grès du Tassili forment des plateaux étroits, allongés suivant la direction NNW-SSE et faiblement inclinés (subhorizontal). Par ailleurs, ils peuvent être basculés. Le plus souvent, les pendages sont faibles vers l'ENE (Fig. 45C).

Au Nord, au niveau de Tissalatine, la faille est sub-verticale. Elle présente des stries et des cannelures sub-verticales à plongement variable vers l'Ouest, indiquant une tectonique en faille inverse amenant les grès du Tassili sur la série de Djanet (Fig. 46). Le caractère décrochant est faiblement exprimé.

Par ailleurs, à la sortie Sud de la ville de Djanet, une zone de brèche, associée à des gouges, dont seule une partie d'environ 5 mètres de puissance est visible, confirme le caractère fragile de cette faille (Fig. 47).

Fig. 45: Contact des grès avec les différents ensembles.

A: Discordance des grès sur la série de Djanet

B: Grès en contact tectonique avec la série de Djanet.   *C: Basculement des bancs gréseux.*

Fig. 46: Vue panoramique de la faille de Djanet.

A: *Vue d'ensemble de la faille inverse au niveau de Tissalatine.*
B: *Stries et cannelures sur le plan de faille.*

Fig. 47: Aspect de la gouge à la sortie de Djanet.

Sa direction subméridienne est conforme à l'orientation globale des accidents ductiles panafricains (8° 30' et 9°). La faille de Djanet semble également contrôler la mise en place du granite en forme de goutte de Tissalatine. En accord avec Bournas (2001), ces données suggèrent un âge panafricain de cette faille et sa réactivation postérieure au Paléozoïque.

L'effet de cette faille sur le Paléozoïque se traduit par l'apparition de phénomènes de glissement « bancs sur bancs », de décollement et de plis d'entrainements.

Au niveau de l'oued Edjéréou, la série de Djanet présente des bancs gréseux très massifs, de couleur blanchâtre, alternant avec des niveaux argileux discontinus d'épaisseur centimétrique. Par ailleurs, les zones silicifiées et très litées observées dans ces alternances sont à l'origine de glissements « bancs sur bancs ». Le plan de glissement est souligné par des inclusions ferrifères. Cette surface de décollement montre des plis d'entrainement. On constate, des alternances de pélites versicolores quartzitiques de teintes variées, allant du rouge brique au violet, en passant par le bleu, le vert et le gris avec des niveaux sombres millimétriques de silex caractérisés par des petits plans de faille qui présentent des marqueurs d'arrachement en faille normale (Fig. 42). Ainsi, la présence des formes en lentilles indique des déformations rotationnelles apparentes dextres vers le SE. (Fig. 42). Plus loin, on note la présence des figures de fluage des pélites dans le matériel.

Fig. 48: Glissements « bancs sur bancs » des pélites sur quartzites.

A: *Vue d'ensemble à l'échelle de l'affleurement.*   B: *Alternance des bancs gréseux blanchâtres et des niveaux argileux.*

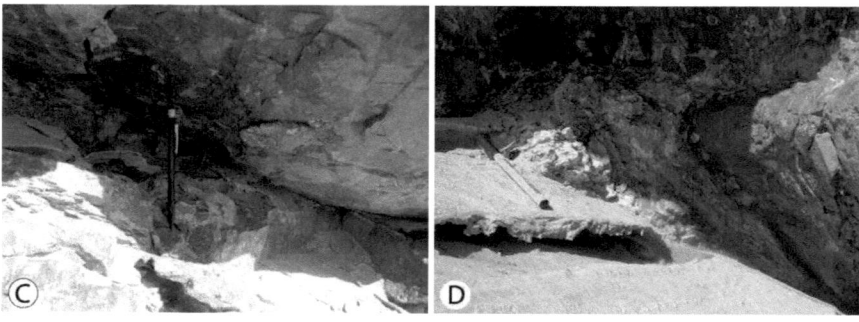

C: *Plan de glissement.*   D: *Surface de décollement montrant des plis d'entrainement.*

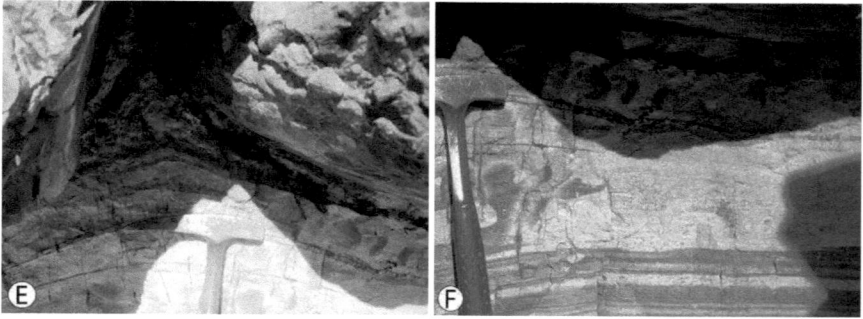

E: *Présence de niveaux de silex au sein des pélites.*   F: *Présence de petites failles normales.*

IV.4. 2. 2. La zone de cisaillement de Ti n Amali (ZCTA).
IV. 4.2. 2. 1. L'ensemble granito-gneissique.

La zone de cisaillement de Ti n Amali (ZCTA) affleure uniquement dans la partie occidentale de la région d'étude. Elle est matérialisée par une importante bande mylonitique, d'orientation globale NW-SE, localisée dans la direction de l'accident majeur limitant le terrane de Djanet à l'Est et le terrane de l'Edembo à l'Ouest (Fig. 45). Cette bande est constituée d'un ensemble granito-gneissique localement migmatitique folié passant à des ultramylonites. L'ensemble de ces formations se caractérise par une déformation hétérogène à différentes échelles. Ces anciens granites déformés montrent des foliations et des linéations d'étirement bien marquées. Au Sud de Djebel Timras, les foliations N300 à N330 à pendage moyen de 45°NE portent des linéations d'étirement variant de 20° à 40° vers N020 à N045. A l'Est de l'Erg d'Admer ainsi que dans l'oued Assassou et à In Débirène, on remarque des ultramylonites de schistes quartziteux sombres très déformés qui se présentent sous forme de baguette schistosée portant une linéation d'étirement. Cette linéation est portée par une schistosité assez forte de 45° à 60° approximativement. Ces résultats indiquent une déformation décro-chevauchante vers le Sud-ouest.

Dans la région d'Ouhot, au Sud de Djanet, les foliations observées dans les migmatites présentent les mêmes directions (N310 à N320) mais avec des pendages plus élevés (70°- 80°). Les linéations d'étirement portées par ces plans sont sub-horizontales, et donc compatibles avec une tectonique décrochante.

Cette direction **(NW –SE)** correspond aussi à l'orientation des filons de microgranite, des dykes de rhyolite ainsi que des filons de quartz. Elle indique que les cisaillements NW-SE, d'âge antérieur à l'âge du granite d'Iferi

(571 Ma), ont été réactivés dans un contexte extensif de direction globale NE-SW vers 558 Ma (âge de la mise en place des rhyolites).

En bordure de la zone de Ti n Amali, l'ensemble granito- gneissique est en contact tectonique avec les formations schisteuses de la série de Djanet, tandis qu'au centre de la zone, on a remarqué que les trois ensembles, grès du Tassili, série de Djanet et ensemble granito- gneissique, sont respectivement superposés.

Chapitre V
Interprétation et conclusion

V.I. Discussion

Dans la région de Djanet, les données géologiques de terrain et l'interprétation des données de la télédétection ont permis d'identifier toutes les unités lithologiques et les différents éléments structuraux.

L'analyse du réseau des fractures montre que les directions majeures sont : NW-SE, N-S, NE-SW et E-W. La direction NW-SE correspond à la zone de cisaillement de Ti n Amali, séparant le terrane de Djanet de celui de l'Edembo. Les marqueurs cinématiques observés le long de cette zone montrent que la déformation évolue, du Sud-est vers le Nord-ouest, d'un décrochement à un décro-chevauchement. Ces accidents sénestres affectent les terrains néoprotérozoïques et paléozoïques en décalant les structures N-S vers l'Ouest.

La cinématique de ces accidents N-S, analysés le long de la faille de Djanet, indique un décrochement dextre à composante inverse vers l'Est, amenant la couverture paléozoïque sur le socle néoprotérozoïque. La forme en goutte du granite calco-alcalin de Tissalatine indiquerait que cette faille est héritée d'une histoire anté-paléozoïque. La direction NE-SW correspond à des décrochements sénestres. Enfin, la direction E-W correspond à des failles qui recoupent en plusieurs endroits toutes les structures qu'elles traversent. Ces failles E-W à ENE-WSW contrôlent la mise en place du volcanisme cénozoïque (Liégeois et *al.*, 2005) et leur caractère récent est probablement lié à une tectonique extensive. Les résultats ainsi obtenus sont conformes aux accidents cartographiés et observés sur le terrain.

L'analyse cinématique des déformations panafricaines a permis de démontrer le caractère décrochant senestre. La majorité des directions NNW-SSE représente des cisaillements senestres déterminés par l'obliquité des trajectoires de schistosité et des surfaces axiales des plis sur les directions des cisaillements.

La compatibilité des structures chevauchantes et décrochantes, dans un même champ de déformation au niveau de la faille de Djanet, représente des arguments fiables pour démontrer le caractère transpressif de ces cisaillements.

L'analyse des champs de la déformation autour des granites montre l'existence de plis isoclinaux. Ces plis à surface axiale qui tendent à se paralléliser avec l'interface du pluton, indiquent un gradient de déformation croissant lié à la mise en place des plutons granitiques.

L'analyse de la trajectoire de la schistosité à l'intérieur de la série de Djanet montre une réorientation des surfaces axiales selon la direction du cisaillement NW-SE à N-S.

La limite structurale majeure séparant le terrane de Djanet de celui de l'Edembo est matérialisée par la zone de cisaillement de Ti n Amali de direction globale NW-SE. Cette zone est caractérisée par un gradient de déformation marqué par l'évolution des structures linéaires. Tout au long de cette zone de cisaillement, les marqueurs cinématiques (orientation des structures C/S et linéations) montrent que la déformation évolue, du Sud-est vers le Nord-ouest, d'un décrochement à un décro-chevauchement.

La déformation décrochante définie dans la région d'Ouhot au sud de Ti n Amali est caractérisée par des linéations sub-horizontales, portées par des foliations à fort pendage (70°-80°), d'orientation moyenne N310.

En revanche, le domaine nord-occidental (à l'Est de l'Erg d'Admer) montre une variation du plongement des linéations d'étirement, de sub-horizontal à l'extérieur de la zone à sub-vertical vers le centre de la zone mylonitique. Ces linéations, portées par une foliation mylonitique de direction moyenne N300-50NE, indiquent une tectonique décro-chevauchante matérialisée par la superposition des formations schisteuses de la série de Djanet sur l'ensemble granito-gneissique.

Par ailleurs, dans la partie Sud, deux systèmes de failles de directions conjuguées (NE et NW) sont signalés. Ce système de failles conjuguées (NE et NW), compatible avec le système de fracturation mis en évidence d'après les données Landsat-7 ETM+ , permet de témoigner d'une extension NE-SW.

V.2. Conclusion générale

La région de Djanet est située à l'extrémité Nord-est du Hoggar Oriental. Elle couvre le terrane de Djanet et une partie du terrane de l'Edembo. A l'Ouest, le terrane de Djanet est séparé de celui de l'Edembo par la zone de cisaillement de Ti n Amali (ZCTA) qui est orientée NW–SE.

Notre étude a été essentiellement basée sur la combinaison de méthodes classiques de terrain et de techniques de traitement numérique des images satellitaires *Landsat-7 ETM+,* images numériques de terrain (*MNT*) et images provenant de *Google Earth* (avec une résolution d'un mètre).

Les méthodes de télédétection appliquées ont été particulièrement performantes. Elles ont permis de déterminer l'ensemble des unités lithologiques ainsi que les différents éléments structuraux. Elles ont aussi permis de réaliser et de compléter la cartographie géologique (particulièrement dans les zones inaccessibles) ainsi que les différentes cartes structurales.

L'élaboration d'une carte géologique nous a permis de pallier à l'indisponibilité de carte récente. Cette carte nous a servi de document de base pour notre étude.

On peut alors conclure que cette région est formée d'un socle néoprotérozoïque, lui-même constitué de deux ensembles: (1) un ensemble granito-gneissique affleurant dans le terrane de l'Edembo et (2) un ensemble méta-sédimentaire épizonal d'âge néoprotérozoïque (inférieur à 590Ma) (série de Djanet), recoupé, à son tour, par des granitoïdes post-orogéniques d'âges variant entre 571 ± 16 Ma et 558 ± 6 Ma (Fezaa, 2010), formant le terrane de Djanet. Ce socle est surmonté au Nord et à l'Est par les grès paléozoïques cambro-ordoviciens du Tassili n'Ajjer (Beuf et *al*., 1971). Enfin, le volcanisme cénozoïque est représenté par des cônes assez préservés de basalte à olivine et de phonolites.

L'étude structurale montre une déformation polyphasée d'âge panafricain et post-panafricain à différentes échelles.

L'étude de la fracturation a pu mettre en évidence plusieurs accidents majeurs, parmi lesquels le système NS est supposé avoir joué un rôle important dans la structuration de cette région.

L'analyse structurale de terrain a montré que cette direction correspond à des cisaillements sub-méridiens qui se développent dans un domaine ductile. Ainsi les structures rencontrées dans le terrane de Djanet témoignent d'une déformation ductile de basse température.

Le caractère ancien de ces déformations ductiles est suggéré, d'une part par leurs orientations cohérentes avec les directions de cisaillements majeurs panafricains (8°30, 9°), et d'autre part, par le rôle que joue la faille de Djanet sur le contrôle du granite, en forme de « goutte », de Tissalatine.

L'association (1) cisaillements sub-méridiens, (2) plis déversés d'axes NW et (3) directions d'étirement NW, est compatible avec une transpression panafricaine sénestre.

L'histoire panafricaine se termine par la mise en place, dans un contexte extensif, du complexe filonien de Ti n Amali (558 ± 6 Ma). Cette mise en place est contrôlée par la réactivation de structures NW-SE précoces.

La réactivation de ces structures panafricaines se poursuit du Paléozoïque au Cénozoïque : (1) par des cisaillements sub-méridiens conjugués délimitant un découpage lenticulaire sénestre affectant aussi bien le socle que le Paléozoïque ; (2) par des zones de cisaillement fragile NW-SE provoquant le déplacement sénestre des anciennes structures sub-méridiennes ; (3) par des failles extensives ENE-WSW contrôlant la mise en place du volcanisme cénozoïque.

Références bibliographiques

ABDELSALAM, M., LIEGEOIS, J.P., STERN, R.J., 2002. The Saharan metacraton. Journal of African Earth Sciences 34, pp. 119–136.

AIT-HAMOU, F., DAUTRIA, J-M. , 1994. Le magmatisme cénozoïque du Hoggar : une synthèse des données disponibles. Mise au point sur l'hypothèse d'un point chaud. Bulletin Service Géologique Algérie vol. 5, n° 1, pp. 49-68.

AIT-HAMOU, F., 2000. Un exemple de "point chaud" intra-continental en contexte de plaque quasi-stationnaire : Etude pétrographique et géochimique du Djebel Taharak et évolution du volcanisme cénozoïque de l'Ahaggar (Sahara algérien). Thèse Doctorat es Sciences, Université Montpellier II. 250 p.

AIT-HAMOU, F., 2000. Nouvelles données géochronologiques et isotopiques sur le volcanisme cénozoïque de l'Ahaggar (Sahara algérien) : des arguments en faveur de l'existence d'un panache. C. R. Acad. Sci. Paris, 330, pp. 829–836.

AMRI, K., 2011. Evolution thermo-mécanique de la région de Tahifet (Hoggar central, Algérie). Thèse Doctorat, USTHB, Alger, 235 p.

AMRI, K., MAHDJOUB, Y., GUERGOUR, L. 2011. Use of Landsat 7 ETM+ for lithological and structural mapping of Wadi Afara Heouine area (Tahifet–Central Hoggar, Algeria). Arab. Jour. Geosci. Vol .4, n° 7-8, pp. 1287-1287.

AZZOUNI-SEKKAL, A., 1989. Pétrologie et géochimie des granites de type ''Taourirt'': un exemple de province magmatique de transition entre les régimes orogéniques et anorogéniques, au Panafricain (Hoggar-Algérie). Thèse Doctorat es-Sciences, USTHB, Alger, 667 p.

AZZOUNI-SEKKAL, A., BOISSONNAS, J., 1993. Une province magmatique de transition du calco-alcalin à l'alcalin: les granitoïdes panafricains à structure annulaire de la chaîne pharusienne du Hoggar (Algérie). Bulletin Société Géologique France 164, pp. 597–608.

AZZOUNI-SEKKAL, A., BONIN, B., 1998. Les minéraux accessoires des granitoïdes de la suite Taourirt, Hoggar (Algérie) : conséquences pétrogénétiques. Journal of African Earth Sciences 26, pp. 65–87.

AZZOUNI-SEKKAL, A., LIEGEOIS, J.P., BECHIRI-BENMERZOUG, F., BELAIDI-ZINET, S., BONIN, B., 2003. The "Taourirt" magmatic province, a marker of the very end of the Pan-African orogeny in the Tuareg Shield: review of the available data and Sr-Nd isotope evidence. Journal of African Earth Sciences 37, pp.331-350.

BARTH H., 1863. Voyages et découvertes dans l'Afrique septentrionale et centrale pendant les années 1845 à 1855.Trad. P. Ithier, Paris, vol. 4.

BARY, E.V., 1898. Le dernier rapport d'un Européen sur Ghât et les Touaregs de l'Aïr. (Journal de voyage d'Erwin Von Bary, 1876-1877), traduit et annoté par H. Schirmer, Fischbacher, Paris, vol.1.

BAYER, R., LESQUER, A., 1978. Les anomalies gravimétriques de la bordure orientale du craton ouest africain: Géométrie d'une suture panafricaine. Bulletin de la Société géologique de France 7, pp. 863-876.

BENNACEF, A. , BEUF, S., BIJU-DUVAL, B., DE CHARPAL, O., GARIEL, O., ROGNON, P., 1971. Example of Cratonic Sedimentation:

Lower Paleozoic of Algerian Sahara. American Association of Petroleum Geologists Bulletin, vol. 56 no. 12, pp. 2225-2245.

BERTRAND, J.M.L., 1967. Existence de plissements superposés dans le Précambrien de l'Aleksod (Ahaggar central). Bull. Soc. Géol. Fr., (7), IX, pp. 741-749.

BERTRAND, J.M.L., 1968. Un socle remobilisé en Ahaggar oriental : les gneiss de l'Arechchoum. Bull. soc. Géol. Fr. (7), X, pp. 566-568.

BERTRAND, J.M.L., 1970. Remarques et hypothèses à propos de l'Ahaggar central et oriental. Coll. intern. C.N.R.S. Agadir, 1970 in Notes et Mem. Ser. géol . Maroc, 1972, n° 236, pp. 87-89.

BERTRAND, J.M.L., 1971. Caractères structuraux, pétrographiques et géochimiques de la mobilisation syntectonique dans les gneiss du Précambrien de l'Aleksod (Ahaggar oriental, Sahara central). Bull. Soc. Géol. Fr., (7), XIII, pp. 118-132.

BERTRAND, J.M.L., 1971. Esquisse structurale du Précambrien de la feuille Tazrouk (1/200 000) (Ahaggar centre oriental). Publ. Serv. Géol. Algérie.

BERTRAND, J.M.L, 1974. Évolution polycyclique des gneiss du Précambrien de l'Aleksod Hoggar central, Sahara algérien. Aspects structuraux, pétrologique, géochimiques et géochronologiques. CNRS., Paris, France, 19, 350 p.

BERTRAND, J.M.L., Caby, R. 1978. Geodynamic evolution of the Pan-African orogenic belt: a new interpretation of the Hoggar shield (Algerian Sahara). Geologishe Rundschau 67, pp. 357-388.

BERTRAND J.M.L., BOISSONNAS, J., CABY, R., GRAVELLE, M., LELUBRE, M., 1966. Existence d'une discordance dans l'antécambrien du "fossé" pharusien de l'Ahaggar occidental (Sahara central). C. R. Acad. Sc. Paris, 262, D, pp. 2197-2200.

BERTRAND, J.M.L., CABY, R., FABRIES, J., VITEL, G. 1968. Sur la structure et l'évolution orogénique du Précambrien du Tazat (Ahaggar oriental). C. R. Somm. Soc. Géol. Fr., 1, pp. 13-1

BERTRAND, J.M.L., CABY, R., LANCELOT, J.R., MOUSSINE-POUCHKINE, A., SAADALLAH, A., 1978. The late Pan-African intracontinental linear fold belt of the eastern Hoggar (central Sahara, Algeria): geology, structural development, U–Pb geochronology, tectonic implications for the Tuareg shield. Precambrian Research 7, pp. 349–376.

BERTRAND, J.M., MERIEM, D., LAPIQUE, F., MICHARD, A., DAUTEL, D., GRAVELLE, M., 1986. Nouvelles données sur l'âge de la tectonique panafricaine dans le rameau oriental de la chaîne Pharusienne (région de Timgaouine, Hoggar, Algérie). Comptes Rendus de l'Académie des Sciences Paris 302, pp. 437–440.

BERTRAND, J.M.L., MICHARD, A., BOULLIER, A.M., DAUTEL, D., 1986. Structure and U/Pb geochronology of Central Hoggar Algeria: a reappraisal of its Pan-African evolution. Tectonics 5, pp. 955–972.

BEUF S., BIJU-DUVAL B., CHARPAL O., ROGNON P., GARIEL O., BENNACEF A., 1971. Les grès du paléozoïque inférieur au Sahara. Sédimentation et discontinuités. Évolution structurale d'un craton. Publ. Inst. Fr. Pétrole, Sci. et Tech. Du Pétrole n° 18, Edit. Technip, 464 p.

BIROT, P., CAPOT-REY, R., DRESCH, J., 1955. Recherches morphologiques dans le Central Sahara. Trav. Rech. Saha. Alger, t. XIII, pp. 13-73.

BLACK, R., 1966. Sur l'existence d'une orogenèse rifaine en Afrique occidentale. C.R. Acad. Sci. Paris, D, 262, pp. 1046-1049.

BLACK, R., 1967. Sur l'ordonnance des chaînes métamorphiques en Afrique. Chr. Mines., 364, pp. 225-238.

BLACK, R.,1978. Propos sur le Pan-African. Bull. Soc. Géol. France, Paris, 7,6, pp. 843-850.

BLACK, R.,1984. The Pan-African event in the Geological Framework of African. Pangea 2, pp. 6-16.

BLACK, R., JAUJOU M., PELLATON, C., 1967. Carte géologique du massif de l'Aïr au 1/500.000, B.R.G.M. Notice explicative. Ministère des Mines et de l'Énergie, République du Niger, Niamey., 57 p.

BLACK, R., GIROD, M., 1970. Late Paleozoic to recent igneous activity in W.Africa and its relationship to basement structure. In African magmatism and tectonics.

BLACK, R., CABY, R., MOUSSINE-POUCHKINE, A., BAYER, R., BERTRAND, J. BOULLIER, M. L., FABRE, A.-M., LESQUER, J.,A., 1979. Evidence for late Precambrian plate tectonics in West Africa. Nature. 278, pp. 223-227.

BLACK, R., LAMEYRE, J., BONIN, B. 1985. The structural setting of alkaline complexes. Jour. African Earth Sciences. 3. pp. 5-16.

BLACK, R., LIÉGEOIS, J.P., 1993. Craton, mobile belts, alkaline rocks and continental lithospheric mantle: the Pan-African testimony. Jour. Geol. Soc. London 150, pp. 89–98.

BLACK, R., LATOUCHE, L., LIEGEOIS, J.P., CABY, R., BERTRAND, J.M., 1994. Pan-African displaced terranes in the Tuareg Shield (Central Sahara). Geology 22, pp. 641–644.

BLAISE, J., 1954. Sur la géologie de l'anahef (Ahaggar Oriental). C. R. Acad. Sci. Paris, t. 239, pp. 435-437.

BLAISE, J., 1955. La discordance pharusienne dans l'Ahaggar Oriental (Sahara central). C.R. Somm. Soc. Géol. Fr.13, pp.271-272.

BLAISE, J., 1955. Missions géologiques dans l'Ahaggar Oriental. Bull. Sci. Et économ. B.R.M.A., n°3, pp.131-140.

BLAISE, J., 1956. Sur la présence d'une série de type « nigritien » dans l'Antécambrien de l'Ahaggar Oriental (Sahara Central): La série de Tiririne. C. R. Acad. Sci. Paris, t, 243, pp.1225-1227.

BLAISE, J., 1958. Les relations entre Précambrien et Cambrien. Problèmes des séries intermédiaires. Coll. intern. C.N.R.S. n° LXXVI, pp. 217-222.

BLAISE, J., 1961. Sur la stratigraphie des séries antécambriennes dans la région du Tafassasset moyen (Ahaggar Oriental).Bull. Soc. Géol. Fr. Paris, 7e sér.,t.3, 184-185.

BLAISE, J., 1962. Sur la stratigraphie des séries antécambriennes du Tazat (Hoggar Oriental, Sahara Central). C. R. Acad. Sci. Paris, t, 255, pp. 2143-2145.

BLAISE, J., 1966. Sur la géologie du socle ante-tassilien dans l'Ahaggar Oriental (Sahara Central). C. R. Acad. Sci. Paris, t, 262, pp. 2125-2128.

BLAISE, J., 1966 b. Sur l'histoire des formations ante-tassiliennes du Tazat (Hoggar Oriental, Sahara Central). C. R. Acad. Sci. Paris, t, 263, pp. 468-471.

BLAISE, J., 1967. Le Précambrien du Tazat. Sa place dans les structures du Hoggar Oriental. Publ. C. R. Z. A. (C.N.R.S.), série Géol. n°7, 197 p.

BOISSONNAS, J., 1974. Les granites à structures concentriques et quelques autres granites tardifs de la chaîne panafricaine 4Sahara central, Algérie). Thèse de Doctorat Es. Sci. Nat. Paris VI; Centre de Recherches sur les zones arides, Série Géologie 16, 662 p.

BONIN, B., AZZOUNI-SEKKAL, A., BUSSY, F., FERRAG, S. 1998. Alkali-calcic and alkaline post-orogenic (PO) granite magmatism: petrologic constraints an geodynamic settings. *Lithos* 45, 45-70.

BONN, F., 1996. Précis de télédétection. Volume 2 : Applications thématiques. Presses de l'université du Québec/AUPELF, Sainte-Foy, 633 p.

BONN, F., ROCHON, G., 1992. Précis de télédétection. Vol. 1 : Principes et Méthodes. Presses de l'université du Québec/AUPELF, Sainte-Foy, 485 p.

BOULFELFEL, N.E., 2000. Le complexe plutonique de Teg-Orak : Pétrographie, minéralogie et Géochimie. (Fossé Pharusien-Hoggar occidental) Algérie. Thèse de Magister, USTHB., Algérie.

BOULFELFEL, N.E., OUABADI, A., 1999. Le pluton granitique «Taourirt» Panafricain de Teg-Orak (Hoggar occidental), caractéristiques géochimiques. Bul. Ser. Géol. Algérie 11.

BOURNAS, N., 2001. Interprétation des données aerogéophysiques acquises au-dessus du Hoggar oriental. Thèse Doctorat d'État USTHB, Alger, 250 p.

BOURNAS, N., GALDEANO, A., HAMOUDI, M., BAKER, H., 2003. Interpretation of the aeromagnetic map of Eastern Hoggar (Algeria) using the Euler deconvolution, analytic signal and local wavenumber methods. Journal of African Earth Sciences 37 pp. 191–205

BOULLIER, A. M., 1991. The Pan-African Trans-Saharan belt in the Hoggar shield (Algeria, Mali, Niger): A review in Dallmeyer, R. D., and Lecorche, J. P., eds., The West African orogens and Circum-Atlantic correlatives, Berlin, Springer-Verlag,: pp. 85-105.

BOULLIER, A.M., ROCCI, G., COSSON, Y., 1991. La chaîne pan-africaine d'Aouzegueur en Aïr (Niger): un trait majeur du bouclier touareg. Comptes rendus Académie des sciences de Paris, 313, pp. 63-68.

BRAHIMI, B., 2011. Cartographie et caractérisation de la déformation de la zone de cisaillement Ouest Ouzzalienne et sa relation avec les cisaillements Intra-In Ouzzal (Hoggar occidental, Algérie). Mém. Magister, USTHB, Alger. 97 p.

BRUN, J.-P., PONS, J., 1981. Strain patterns of pluton emplacement in a crust undergoing non-coaxial deformation, Sierra Morena, Southern Spain. 3'. Struct. Geol. 3, pp. 219-229.

BRUN, J.-P., 1981. Instabilités gravitaires et déformation de la croûte continentale. Application au développement des dômes et des plutons. Thèse Doctorat d'Etat, Rennes.

BUTLER, H. 1922. Contribution à la géologie de l'Ahaggar (Sahara Central). C. R. XIIIe Cong. Géol. intern. Bruxelles, Fasc. II, pp. 819-848.

CABY, R., 1968. Une zone de décrochement à l'échelle de l'Afrique dans le Précambrien de l'Ahaggar occidental. Bull. Soc. Géol. Fr. III. pp. 577-587.

CABY, R., 1969. Une nouvelle interprétation structurale et chronologique des séries à « faciès Suggarien » et à « faciès Pharusien » dans l'Ahaggar ; C.R.A.S. Paris t 268, pp. 1248-1251.

CABY, R., 1970. Niveaux et imprégnations cuprifères du précambrien supérieur et de la série pourprée au Tanezrouft Orientale (Sahara Algérien). Pub. Serv. Géol. Algérie, Nouvelle Série, N° 41, pp. 129-137.

CABY, R, 1970. La chaîne Pharusienne dans le NW de l'Ahaggar (Sahara central) Algérie. Sa place dans l'orogenèse du Précambrien supérieur en Afrique. Thèse d'état. Univ. Sc. Montpellier,. 1983 Publication de la Direction des Mines et de la Géologie, Algiers, Algeria 47, 289 p.

CABY, R., 1971. Niveaux et imprégnation cuprifères du précambrien supérieur de la série pourprée au Tanezrouft oriental. Bull. Serv. Geol. Alg. N°41, pp. 129-139.

CABY, R., 1972. Évolution pré-orogénique, site et agencement de la chaîne Pharusienne dans le nord ouest de l'Ahaggar (Sahara Algérien). Sa place dans l'orogénèse panafricaine en Afrique Occidental. pp.65-80, et coll. inter. C.N.R.S, Paris, n°192.

CABY, R., 1978. Paléogéographique d'une marge passive et d'une marge active au Précambrien supérieur : leur collision dans la chaîne panafricaine du Mali. Bull. Géol. Soc. Fr., 20, pp. 857-862.

CABY, R., 1989. Precambrian terranes of Benin-Nigeria and norheast Brasil and the late Proterozoic south Atlantic fit. Géol. Soc. America, Special paper, 230, pp.145-158.

CABY R., 2003. Terrane assembly and geodynamic evolution of central-western Hoggar : a synthesis. J. Afr. Earth Sci. 37, 3-4. pp. 133-159.

CABY, R., MOUSSU, H., 1967. Une grande série détritique du Sahara: stratigraphie, paléogéographie et évolution structurale de la « Série pourprée » dans l'Aseg'rad et le Tanezrouft Oriental (Sahara Algérien). Bull. Soc. Géol. France, 7ème série, IX, p. 882.

CABY, R., BERTRAND, J.M.L., 1977. Synthèse des connaissances sur la géologie du Hoggar; in : Inv. Prosp. Ress. Min. Hoggar. SO.NA.RE.M. Algérie.

CABY. R., ANDREOPOULOS-RENAUD, U., 1983. Age à 1800 Ma du magmatisme subalcalin associé aux métasédiments monocycliques dans la chaine panafricaine du sahara central. Jour. African earth Sciences. Vol.1 N°34 pp.193-197.

CABY, R., ANDREOPOULOS-RENAUD, U., 1987. Le Hoggar oriental, bloc cratonisé a 730 Ma dans la chaine panafricaine du nord du continent africain. Precambrian Research, 36, pp. 335–344.

CABY, R., MONIÉ, P., 2003. Neoproterozoic subduction and differential exhumation of western Hoggar (southwest Algeria): new structural, petrological and geochronological evidence. Journal of African Earth Sciences, 37, pp. 133-159.

CABY, R., BERTRAND, J. M. L., BLACK, R., 1981. Pan-African closure and continental collision in the Hoggar - Iforas segment, central Sahara, in Kroner, A. (ed) Precambrian Plate Tectonics, Elsevier, Amst. pp. 407- 434.

CABY, R., ANDREOPOULOS-RENAUD, U., GRAVELLE, M., 1982. Cadre géologique et géochronologique U/Pb sur zircon des batholites précoces dans le segment panafricain du Hoggar central (Algérie). Bulletin de la Société Géologique de France 24, pp. 677–684.

CABY, R., ANDREOPOULOS-RENAUD, U., 1983. Age _a 1800 Ma du magmatisme sub-alcalin associe aux metasédiments monocycliques dans la chaîne panafricaine du Sahara central. Journal of African Earth Sciences 1, pp.193–197.

CABY, R., ANDREOPOULOS-RENAUD, U., 1985. Etude pétrostructurale et géochronologie U/Pb sur zircon d'une métadiorite quartzique de la chaîne panafricaine de l'Adrar des Iforas (Mali). Bulletin de la Société Géologique de France 8, pp. 899–903.

CABY, R., ANDREOPOULOS-RENAUD, U., LANCELOT, J.R., 1985. Les phases tardives de l'orogenese panafricaine dans l'Adrar des Iforas oriental (Mali): lithostratigraphie des formations molassiques et geochronologie U/Pb sur zircon de deux massifs intrusifs. Precambrian Research 28, pp. 187–199.

CABY, R., ANDREOPOULOS-RENAUD, U., PIN, C., 1989. Late Proterozoic arccontinent and continent–continent collision in the PanAfrican TransSaharan belt of Mali. Canadian Journal of Earth Sciences 26, pp.1136–1146.

CABY,R., MOUSSINE-POUCHKINE, A., AÏT KACI, A., 2010. Les séries volcano-sédimentaires orogéniques néoprotérozoïques de la basse Saoura (Algérie) : signification géodynamique dans la chaîne pan-africaine. Bull. Ser. Géol. Nat., Algérie, Vol. 21, N° 3 , pp . 257-284.

CHERFOUH, E.H., LIEGEOIS, J.P., DE WAELE, B., OUABADI, A., 2008. Géochronologie et géochimie, granitoïdes du terrane d'Edembo (Hoggar Oriental, Algérie). 22nd Colloquim of African Geology and 13th Conference of the Geological Society of Africa, Tunisia, Tunis.

CHOROWICZ, J., DEROIN, J.P., 2004. La télédétection et la cartographie géomorphologique et géologique. Éditions scientifiques GB (Contemporary Publishing International), Télédétection, vol. 4, n°2, pp. 211–213.

CHOUKROUNE, P., 1995. Déformations et déplacements dans la croûte terrestre. éd. Masson, 226p.

CHUDEAU, R., 1907. Excursion géologique au Sahara et au Soudan. Bull. Soc. Géol. France, Paris, vol. 4, n° 7, pp. 310-346.

CHUDEAU. R., 1909. Missions au Sahara. Sahara Soudanais, éd. Armand colin, Paris, tome II, 326p.

CROUSSILLES M., DELOCHE C., DIXSAUT C., TAMAIN A.L.G., 1978. Télédétection spatiale et fracturologie de la chaîne cantabrique (Espagnole): exemple d'une approche méthodologique. Bull. B.R.G.M. (2ème série), section IV, n°1, pp.5-38.

DAUTRIA, J.M., 1988. Relations entre les hétérogénéités du manteau supérieur et le magmatisme en domaine continental distensif., Mémoire du Centre Géologique et Géophysique de Montpellier, 421 p.

DJEMAI, S., BENDAOUD, A., HADDOUM, H., OUZEGANE, K., KIENAST, J. R., 2009. Apport des images Landsat 7 ETM+ pour la cartographie géologique en zone aride : Exemple du terrane de l'In Ouzzal (Hoggar Occidental), Algérie. Journées d'Animation Scientifique (JAS09) de l'AUF, Alger.

DJOUADI, M.T., 1994. Granites fini-panafricains de type Taourirt (Hoggar, Algérie). Une étude structurale par l'anisotropie de la susceptibilité magnétique et modèles de mise en place du complexe de Tesnou et du massif de Tioueïne. Thèse, Université Paul-Sabatier, Toulouse III, France, 161 p.

DUBOIS, P., 1962. Stratigraphie du Cambro-ordovicien du Tassili n'Ajjer (Sahara central): Soc. Géol. France Bull., s6r. 7, v. 3, no. 2, pp. 206-210.

DUBOIS, P., MAZELET, P., 1965. Stratigraphie du Silurien du Tassili n'Ajjer: Soc. Géol. France Bull., sér. 7, Vol. 6, no. 4, pp. 586-591.

DUBOIS, P., BEUF, S., BIJU-DUVAL, B., 1967. Lithostratigraphie du Dévonien inférieur gréseux du Tassili n'Ajjer, *in* Symposium on the Lower Devonian and its limits: B. R G. M. Mém., n°. 33, pp. 227-235.

ENNIH H., LIEGEOIS J.P., 2001. the Moroccan Anti-Atlas: the west African craton passive margin with limited Pan-African activity. Implications for the northern limit of the craton. *Precambrian Resarch*, *vol.* 112, pp. 289-302.

FABRE J., 1976. Introduction à la géologie du Sahara algérien et des régions voisines. S.N.E.D., Alger, 422 p.

FABRE J.,2005. Géologie du Sahara Occidental et Central. Musée Royale de l'Afrique Centrale. Tervuren, Belgique. 572 p.

FEZAA N., 2010. Géochronologie et géochimie du magmatisme Panafricain de Djanet et de son encaissant méta-sédimentaire (Hoggar Oriental, Algérie). Conséquences Géodynamiques. Thèse Doctorat , USTHB, Alger. 193 p.

FEZAA N., LIEGEOIS J.P., NACHIDA A., CHERFOUH E., DE WAELEE B., BRUGUIERF O., OUABADI A., 2010. Late Ediacaran geological evolution (575–555 Ma) of the Djanet Terrane, Eastern Hoggar, Algeria, evidence for a Murzukian intracontinental episode. Precambrian Research, 180, pp. 299-327.

FLAMAND, G.B.M., 1911. Recherches géologiques et géographiques sur le Haut Pays de l'Oranais et sur le Sahara (Algérie et territories du Sud). Thèse, Univ. Lyon, éd. Rey, 1002 p.

FLATTERS LIEUT.-COL., 1884. Documents relatifs à la Mission dirigée au Sud de l'Algérie par le lieutenant- Colonel Flatters. Paris, vol.1.

FOUREAU, F., 1898 (described by Gentil, L., 1909, pp. 717–749). Documents scientifiques de la mission saharienne (Mission Foureau-Lamy), d'Alger au Congo par le Tchad, 1610 p.

FOUREAU, F., 1905. Documents scientifiques de la Mission saharienne (Mission Foureau-Lamy) d'Alger au Congo par le Tchad. 2 vol., Paris, 198p.

FREULON, J. M., 1964. Etudes géologiques des séries primaires du Sahara central (Tassili n Ajjer et Fezzan), C.N.R.S. Sér. Géol. N° 3, Paris.

GALEAZZI, S., POINT, O., HADDADI, N., MATHER, J., DRUESNE, D., 2010. Regional geology and petroleum systems of the Illizi-Berkine Area of the

Algerian Saharan Platform. Marine and Petroleum Geology 27 (1), pp.143–178.

GIRARD, M.C., GIRARD C. M., 1999. Traitement des données de télédétection. Éditions Dunod. Paris, 529 p.

GIROD, M. 1971. Le massif volcanique de l'Atakor (Hoggar, Sahara algérien). Mém. C. R. Z. A. (CNRS). Paris, 12. 155 p.

GHIENNE, J.-F., BOUMENDJEL, K., PARIS, F., VIDET, B., RACHEBOEUF, P., AÏT SALEM, H., 2007. The Cambrian-Ordovician succession in the Ougarta Range (Western Algeria, North Africa) and interference of the Late Ordovician glaciation on the development of the Lower Palaeozoic transgression on northern Gondwana. Bulletin of Geosciences 82 (3), pp. 183–214.

GRAVELLE, M., 1969. Recherches sur la géologie du socle précambrien de l'Ahaggar centro-occidental dans la région de Silet-Tibehaouine. Contribution à la reconnaissance géochronologique, géochimique et structurale des terrains cristallins du Sahara central. Thèse Doctorat, Université Paris VII. 3 volumes. 298 p.

GUERANGE, B. 1961. Sur les massifs rhyolitiques pharusiens de la région d'Edembo - Emi Lulu (Ahaggar Oriental). Bull. Soc. Géol. Fr. Paris, 7e sér., t.3, pp. 182-183.

GUERANGE, B., VIALON, P., 1960. Le Pharusien du bassin de Djanet dans la région du Tafassasset moyen (Ahaggar Oriental, Sahara Central). C.R. Somm. Soc. Géol. Fr. Paris, pp. 57-59.

GUERANGE, B., VIALON, P., 1962. Le Pharusien du Tafassasset moyen. Ses relations avec le Suggarien de la zone. Trav. Inst. Rech. Sahar.algérie, 21, pp. 7-56.

GUERANGE, B., LASSERRE, M., 1971. Étude géochronologique de roches du Hoggar oriental par la méthode au strontium. Compt. Rend. Som. Soc. Géol. Fr., 4, pp.213-215.

GUERGOUR, L., AMRI, K., 2009. Contribution des images landsat 7 ETM+ à la cartographie géologique et structurale du Bassin de Tin Séririne. (Tassilis Oua - N - Ahaggar. Hoggar, Algérie). Journées d'Animation Scientifique (JAS09) de l'AUF Alger.

GUIRAUD R., DOUMNANG MBAIGANE J-C., DOMINGUEZ S., 2000. Evidence for a 6000 km length NW-SE striking lineament in northern Africe : the Tibesti Lineamement. Journal of Geological Society, London, vol.157, pp. 897-900.

GIRARD M.C., GIRARD C.M., 1999. Traitement des données de télédétection. Ed. Dunod,, 530 pages.

HAMMAD, N., 2008. Apport de la télédétection à haute résolution à la discrimination lithologique en domaine semi désertique et aride: Application à la région du Djebel Drissa. Mémoire de Magister, USTHB, 120p.

HAMMAD, N., KAHOUI, M., MAHDJOUB, Y., 2009. Apport de la télédétection à haute résolution à la discrimination lithologique en domaine semi désertique et aride : Application à la région du Djebel Drissa (massif des Eglabs). Journées d'Animation Scientifique (JAS09) de l'AUF Alger.

HENRY, B., LIÉGEOIS, J.P., NOUAR, O., DERDER, M.E.M., BAYOU, B., BRUGUIER, O., OUABADI, A., BELHAI, D., AMENNA, M., HEMMI, A., AYACHE, M., 2009. Repeated granitoid intrusions during the Neoproterozoic along the western boundary of the Saharan metacraton, eastern Hoggar, Tuareg shield, Algeria: an AMS and U–Pb zircon age study. Tectonophysics 474, pp.417–434.

HIRST, J.P.P., BENBAKIR, A., PAYNE, D.F., WESTLAKE, I.R., 2002. Tunnels valleys and density flow process, Illizi Basin, Algeria: influence on reservoir quality. Journal of Petroleum Geology 25 (3), pp. 297–324.

JASKOLLA, F., RAST, M., BODECHTEL, J.,1985. The use of SAR system for geological applications. p. 41-50, in Proceedings of the workshop on thematic applications of SAR data, Frascati, ESA SP-257.

KECHID, S.A., MEGARTSI, M., 2005. Pétrogenèse des xénolites mafiques et ultramafiques des laves à mélilite d'In Téria (Illizi, Algérie). Bulletin du Service Géologique de l'Algérie, Vol. 16 pp. 127-149.

KECHID, S.A., 2006. Les xénolites de péridotites réfractaires et de clinopyroxénites alcalines des laves à mélilite d'InTéria (Illizi, Algérie) : pétrologie et implications dans l'évolution géodynamique de la lithosphère saharienne. Thèse d'Etat. USTHB, Alger, 224 p.

KECHID, S.A., 2010. Chronologie des injections magmatiques d'In Téria (Illizi, Algérie) : mise en évidence d'un épisode Kimberlitique. Bulletin du Service Géologique National, Vol. 21, n°1, pp. 2010.

KENNEDY, W.Q., 1964. The structural differentiation of Africa in the PanAfrican +500 m.y. tectonic episode. Ann. Repp. Res. Inst. Afr. Geol., University of Leeds 8, pp. 48–49.

KILIAN, C., 1922. Aperçu général de la structure des Ajjers. C.R.A.S.T., Comptes rendus, vol.175 , n°19, pp. 825-827.

Kilian, C., 1931. Des principaux complexes continentaux au Sahara. Comptes Rendus Sommaires Société Géologique de France 9, pp. 109–111.

KILIAN, C., 1932. Sur les conglomérats précambriens du Sahara central : le Pharusien et le Suggarien. C.R.S.G. France, 7, pp.193-221.

KILIAN, C., 1934. Tectonique et volcanisme dans l'ajjer (Sahara Central). C.R.A.C., tome 198, pp.1436-143.

LELUBRE, M., 1952. Recherches sur la géologie de l'Ahaggar central et occidental (Sahara central). Bull. Serv. Carte Géol. Algérie, Thèse d'État, 2ème série, 2 vol., tome I, 354 p et tome II, 386 p.

LESSARD, L., 1961. Les séries primaires des Tassilis Oua-n-Ahhagar au Sud du Hoggar, entre l'Aïr et l'Adrar des Iforas (Sahara méridional). Bull. Soc. Géol. Fr., Paris, 7e sér., t.3, pp. 501- 513.

LESSARD, L., BERTRAND J-P., 1958. Sur l'existence d'une discordance dans le Cambro-Ordovicien au Sahara central. C. R. Somm. Soc. Géol. Fr., Paris, pp. 72-75.

LIEGEOIS, J.P., BERTRAND, J.M., BLACK, R., 1987. The subduction and collision-related Pan-African composite batholith of the Adrar des Iforas (Mali): a review. In: African Geology Review (Kinnaird, J., Bowden, P., eds.), J. Wiley, London, pp. 185–211., and Geol. Journal 22, pp.185–211.

LIÉGEOIS, J. P., BLACK, R., NAVEZ, J., LATOUCHE, L., 1994. Early and late Pan-African orogenies in the Aïr assembly of terranes (Tuareg shield, Niger), Precambrian Research, 67, pp. 59-88.

LIÉGEOIS, J.P., NAVEZ, J. HERTOGEN, J., BLACK, R., 1998. Contrasting origin of post-collisional high-k calco-alkaline and shoshonitic versus alkaline and peralkaline granitoïds. Lithos, 45, pp.1-28.

LIÉGEOIS, J.P., LATOUCHE, L., NAVEZ, J., BLACK, R., 2000. Pan-African collision, collapse and escape tectonics in the Tuareg shield: relations with the East Saharan Ghost Craton and the West African craton. J. Afr. Earth Sci 30, pp. 53–54.

LIÉGEOIS, J.P., LATOUCHE, L., BOUGHRARA, M., NAVEZ, J., GUIRAUD, M., 2003. The LATEA metacraton (Central Hoggar, Tuareg shield, Algeria): behaviour of an old passive margin during the Pan- African orogeny. Journal of African Earth Sciences 37, pp. 161–190.

LIÉGEOIS, J. P., BENHALLOU, A., AZZOUNI-SEKKAL, A., YAHIAOUI, R., and BONIN,B., 2005. The Hoggar swell and volcanism:

Reactivation of the Precambrian Tuareg shield during Alpine convergence and West African Cenozoic volcanism. Geological Society of America, special paper 388, pp. 379-400.

LIÉGEOIS, J.P., ABDELSALAM, M.G., ENNIH, N. OUABADI, A., 2012. Metacraton: Nature, genesis and behavior, Gondwana Research. (sous presse).

MOREAU, J., 2005. Architecture stratigraphie et dynamique des dépôts glaciaires ordoviciens du bassins de Murzuq (lybie). Thèse Doctorat, Université LouisPasteur Strasbourg I. 192 p

NOUAR, O., 2012. Contribution à la connaissance du Hoggar oriental au cours du Panafricain : Etude structurale et Anisotropie de Susceptibilité Magnétique (AMS) de la région de l'accident majeur du 8°30'.Thèse Doctorat, USTHB, Alger.102p.

NOUAR, O., HENRY, B., LIEGEOIS, J.P., DEDER, M.E.M., BAYOU, B., BRUGUIER, O., OUABADI, A., AMENNA, M., HEMMI, A., AYACHE, M., 2011. Eburnean and Pan-African granitoids and the Raghane mega-shear zone evolution: Image analysis, U–Pb zircon age and AMS study in the Arokam Ténéré (Tuareg shield, Algeria). Journal of African Earth Sciences, 474, pp. 417-434.

ODONNE, F., VIALON, P., 1983. Analogue models of folds above a wrench fault. Tectonophysics 99, pp. 31 – 46.

OUAMERALI, C., DJEBARI, M., 2002. Pétrologie des granitoïdes panafricains des régions de Tissalatine et In-Debirène (Djanet, Hoggar Oriental). Mém. Ingénieur, USTHB, Alger. 75 p.

OULEBSIR, F., 2009. Pétrographie, géochimie et minéralisations à Sn-W associées du massif de Djilouet (Djanet, Hoggar Oriental). Mém. Magister, USTHB, Alger.110 p.

OULEBSIR, F., KESRAOUI, M., 2006. Étude préliminaire des minéralisations à W - Sn associées à la coupole granitique de Djilouet (Djanet, Hoggar Oriental). 2ème Jour. Jeunes géologues (JJG2), Tunis. p.57.

OULEBSIR, F., KESRAOUI, M., ZEKIRI-NEMMOUR D., 2008. Minéralisations à W - Sn associées à la coupole granitique de Djilouet (Djanet, Hoggar Oriental).VIèm Jour. S.T. FSTGAT, Algérie, p. 49.

OULEBSIR, F., KESRAOUI, M., ZEKIRI-NEMMOUR D., 2010. Minéralisations à métaux rares associées aux granites post-orogéniques de Djanet (Hoggar Oriental). 1er colloque, inter. Géol. Sahara Algérien, Ouargla, p.101.

PAQUETTE, J.L., CABY, R., DJOUADI, M.T., BOUCHEZ, J.L., 1998. U/Pb dating of the end of the Pan-African orogeny in the tuareg shield: the postcolisional syn-shear Tioueine pluton (Western Hoggar, Algeria). Lithos 45, pp. 245-253.

RAKOTONIAINA, S., 1998. Analyse en composantes principales d'une image multispectrale de télédéction. Revue Mada-Géo. Journal des sciences de la Ambohidempona (IOGA).

REMY, J.M., 1967. Étude géologique et volcanique du Sud Est de l'Amadror en Ahaggar (Sahara Central).Thèse Doct. Etat. Fac. Sci. Terre. Univ. Nancy, 10, 189 p.

ROBIN, M., 1998. La Télédétection: Des satellites aux systèmes d'informations géographiques. Univ. Nantes, France. , 319 p.

SABINS, F.F.JR., 1987. Remote Sensing : Principles and interpretation. W.H. Freeman and Co., 426 p.

SCANVIC, J. Y., 1983. Utilisation de la télédétection dans les sciences de la terre. Manuels et Méthodes, Éditions du BRGM, Orléans, France, 159 p.

SCANVIC, J. Y., 1992. Télédétection aérospatiale et informations géologiques. Manuels et Méthodes. Éditions du BRGM., Orléans, n°24, 284 p.

WYLLIE P.J., 1988. Solidus curve, mantle plumes and magma generation beneath Hawaii, J. Geophys. Res., 93 pp. 4171–4181.

YESOU, H., BRAUX, C., ROUZEAU, O., CLANDILLON, S., ROLET, J., DE FRAIPONT, P., 1997. Assessment of two methodologies of ERS mixing for geological investigations : ERS time series and optical-radar fusion. Proceedings of the 3rd ERS Symposium, Florence.

ZAZOUN, R. S., MAHDJOUB, Y. 2011. Strain analysis of Late Ordovician tectonic events in the In-Tahouite and Tamadjert Formations (Tassili-n-Ajjers area, Algeria). Journal of African Earth Sciences 60, pp. 63–78.

ZEGHOUANE H. 2006. Pétrologie, géochimie, géochimie isotopique et géochronologie Rb/Sr du massif granitique d'Arirer (terrane d'Aouzegueur, Hoggar Oriental, Algérie). Mém. Magister, USTHB, Alger.

ZEKIRI-NEMMOUR, D., OULEBSIR, F., MAHDJOUB, Y., KESRAOUI, M. 2006. Eléments de géologie de la région de Djanet (Hoggar oriental, Algérie). The 3rd Conf. Ass. Afr. Women. Geoscie. Maroc, Univ. pp. 166-167.

ZEKIRI-NEMMOUR, D., MAHDJOUB, Y., HADDOUM., H. 2008. Déformation Panafricaine et Post-Panafricaine de la région de Djanet. (Hoggar oriental, Algérie). The 4rd Conf. Ass. Afr. Women. Geosciences. Cairo, Univ. p.100.

ZEKIRI-NEMMOUR, D., MAHDJOUB, Y., 2012. Déformations panafricaines et post-panafricaines dans la région de Djanet, (Hoggar oriental, Algérie). Bulletin Service Géologique National, vol. 23, n°2, pp. 117-135.

Annexe

Liste des figures

Fig. 1: champs de déformation dans un décrochement. (Odonne et Vialon, 1983). 25

Fig. 2: Champ de déformation liée à la mise en place d'un pluton en contexte non coaxial homogène (Choukroune, 1995)..................................28

Fig.3: Subdivision structurale du Hoggar oriental. (Bertrand et Caby, 1978; Caby et Andreopoulos-Renaud, 1987)..33

Fig. 4: Carte géologique simplifiée du Tassili n Ajjer (*Moreau*, 2005)............40

Fig. 5: Schéma représentatif des différentes parties du Tassili (Beuf et al., 1971) 42

Fig. 6 : Colonne stratigraphique de la base séries sédimentaires paléozoïques du Tassili-n-Ajjer (modifié de Beuf et *al*, 1971; Hist et *al*, 2002; Galeazzi et *al*, 2010; Zazoun et Mahdjoub, 2011)..45

Fig. 7: Situation géographique de la région de djanet à partir de la carte topographique de l'Algérie 50

Fig. 8: Les caractéristiques géographiques de la région de Djanet. 53

Fig. 9: Carte de la situation géologique: (A) du Hoggar ; (B) de la région d'étude d'après la carte des terranes du Bouclier Touareg (Black et *al.*, 1994 et Liégeois et *al.*, 2003)………………... 57

Fig. 10: Vue d'ensembles des différents faciès de la région de Djanet………...58

Fig. 11: Carte géologique de la région de Djanet………...…………………….59

Fig. 12 : Coupe géologique de la région de Djanet……………………….........60

Fig. 13: vues d'ensemble des différentes formations dans l'ensemble granito-gneissique 64-65

Fig. 14: Les différents faciès de la série de Djanet à l'échelle de l'affleurement..67

Fig. 15: Vue panoramique des conglomérats au sein de la série de Djanet. ……………………...69

Fig. 16: Le caractère flyschoïde de la série de Djanet………………………… 71

Fig. 17: les variétés granitiques de Tisssalatine. ………...………………..…74

Fig.18: les différentes variétés des massifs granitiques de la région de Djanet..76

Fig. 19 : Les différents facies dans la région de Djanet à l'échelle microscopique.. …………...77

Fig. 20: complexe filonien de Ti n Amali..84

A: Schéma géologique du complexe filonien de Ti n Amali. 84

B: Les différentes variétés des filons rhyolitiques de Ti n Amali..............85

Fig. 21: les grès du Tassili N Ajjer dans la région de Djanet......................88

Fig. 22: Le volcanisme dans la région de Djanet.......................................90

Fig. 23: Image de la région de Djanet extrait de l'image LANDSAT 7 ETM+ composition colorée (7, 4, 2)..93

Fig. 24: 1er exemple d'une composition colorée établie à partir des rapports de bandes ETM+3 / ETM+1, ETM+5 / ETM+4 et ETM+7 / ETM+5......96

Fig. 25: 2ème exemple d'une composition colorée établie à partir des rapports de bandes ETM+3 / ETM+1, ETM+5 / ETM+4 et ETM+7 / ETM+5....... 96

Fig. 26: 3ème exemple d'une composition colorée établie à partir des rapports de bandes ETM+5 / ETM+3, ETM+3 / ETM+2 et ETM+7 / ETM+4.......97

Fig. 27: 4ème exemple d'une composition colorée établie à partir des rapports de bandes ETM+5 / ETM+7, ETM+2 / ETM+1 et ETM+4 / ETM+2........97

Fig. 28: Carte géologique établie à partir des données de terrain et complétée par l'analyse des images ETM+ de Landsat..................................99

Fig. 29: Bloc diagramme schématisant les plus importants accidents affectant la région de Djanet (réalisé à partir d'une carte numérique de terrain "MNT")..105

Fig. 30: Image de la région de Djanet extraite de l'image LANDSAT-7 ETM+ en composition colorée 742……………………………………...........111

Fig. 31: Filtres directionnels appliqués sur l'image satellitaire ETM+7……..112

Fig. 32: Linéaments rehaussés à partir des filtres directionnels appliqué à l'image ETM+7..113

Fig. 33 : Carte détaillée des linéaments obtenus à partir des filtres directionnels 114

Fig. 34: Représentation de l'accident NNW-SSE à partir du filtre directionnel..118

Fig. 35 : Carte schématique des cisaillements à partir d'une carte numérique de terrain. …...118

Fig. 36: Carte schématique des deux accidents majeurs de la région de Djanet ....…..119

Fig. 37: Carte schématique de la localisation du linéament du Tibesti (d'après Guiraud et al., 2000)...119

Fig. 38: Carte des trajectoires de la schistosité établie à partir des images Google Earth……………..124

Fig. 39: Représentation du complexe filonien à partir d'images provenant de Google Earth……..128

Fig. 40 : Schéma des structures plissées liées à la déformation post-panafricaine, établi à partir des rapports de bandes ratios………………..…………130

Fig. 41: La déformation ductile dans la série de Djanet…………………………136

Fig. 42: Déformation affectant la série de Djanet……………………..…...137

Fig. 43: Contact des granites avec la série de Djanet……………………....139

Fig. 44: les plans C/S à l'échelle microscopique………………….……..…139

Fig. 45: Contact des grès avec les différents ensembles………………..…..141

Fig. 46: Vue panoramique de la faille de Djanet………………………...142

Fig. 47: Aspect de la gouge à la sortie de Djanet……………………..…142

Fig. 48: Glissement bancs sur bancs des pélites sur quartzites……………….144

yes
i want morebooks!

Oui, je veux morebooks!

Buy your books fast and straightforward online - at one of the world's fastest growing online book stores! Environmentally sound due to Print-on-Demand technologies.

Buy your books online at
www.get-morebooks.com

Achetez vos livres en ligne, vite et bien, sur l'une des librairies en ligne les plus performantes au monde!
En protégeant nos ressources et notre environnement grâce à l'impression à la demande.

La librairie en ligne pour acheter plus vite
www.morebooks.fr

OmniScriptum Marketing DEU GmbH
Heinrich-Böcking-Str. 6-8
D - 66121 Saarbrücken
Telefax: +49 681 93 81 567-9

info@omniscriptum.de
www.omniscriptum.de

MIX
Papier aus verantwortungsvollen Quellen
Paper from responsible sources
FSC® C105338

Printed by Books on Demand GmbH, Norderstedt / Germany